U0593070

祁连山国家公园泗泉片区湿地资源调查

付鸿彦　包新康　著

兰州大学出版社
LANZHOU UNIVERSITY PRESS

图书在版编目（CIP）数据

祁连山国家公园酒泉片区湿地资源调查 / 付鸿彦，
包新康著. -- 兰州：兰州大学出版社，2024. 9.
ISBN 978-7-311-06727-4

Ⅰ. P942. 423. 78

中国国家版本馆 CIP 数据核字第 2024JJ2259 号

责任编辑　李有才
封面设计　倪德龙

书　　名　祁连山国家公园酒泉片区湿地资源调查
　　　　　QILIANSHAN GUOJIA GONGYUAN JIUQUAN PIANQU SHIDI ZIYUAN DIAOCHA
作　　者　付鸿彦　包新康　著
出版发行　兰州大学出版社　（地址：兰州市天水南路222号　730000）
电　　话　0931-8912613(总编办公室)　0931-8617156(营销中心)
网　　址　http://press.lzu.edu.cn
电子信箱　press@lzu.edu.cn
印　　刷　兰州人民印刷厂
开　　本　710 mm×1020 mm　1/16
成品尺寸　170 mm×240 mm
印　　张　13.5
字　　数　224千
版　　次　2024年9月第1版
印　　次　2024年9月第1次印刷
书　　号　ISBN 978-7-311-06727-4
定　　价　49.00元

前　言

　　祁连山脉横亘在青海、甘肃两省之间，是中国西部重要的生态屏障和水源涵养区。2017年，祁连山国家公园被列入国家公园体制试点，主要职责为保护祁连山的生物多样性和自然生态系统的原真性、完整性。其中，祁连山国家公园酒泉片区（以下简称酒泉片区）覆盖了肃南裕固族自治县、肃北蒙古族自治县和阿克塞哈萨克族自治县的部分区域。片区内的湿地作为生物多样性极为丰富的栖息地，不仅为众多动植物提供了赖以生存的环境，还在调节气候、净化水质、防洪抗旱等方面发挥着不可替代的作用。湿地的保护与可持续利用已成为全球生态学研究和环境保护的重要议题。

　　本书充分利用调查资料和已有资料进行分工编写，由祁连山国家公园甘肃省管理局酒泉分局付鸿彦和兰州大学包新康教授共同完成。《祁连山国家公园酒泉片区湿地资源调查》共由9个章节组成。第1章至第7章由付鸿彦完成；其中，第1章和第2章对祁连山国家公园酒泉片区的湿地、湿地地理环境进行了简单阐述；第3章至第7章对其资源进行了阐述，包括植物资源、脊椎动物资源、浮游生物及无脊椎动物资源、生态旅游资源。第8章和第9章由包新康完成，包括湿地景观格局的动态变化和资源评价、湿地资源保护与可持续发展策略。

　　湿地是地球赋予我们的珍贵财富，在全球生态系统中发挥着至关重要的作用。其保护不仅是科学研究的课题，更是每一个人应尽的责任；保护湿地、珍爱自然，是我们应有之义。我们希望通过本书的出版能够引起更多人对湿地生态系统的关注和重视，推动全社会共同参与湿地保护行动。同时，我们也希望本书能够为政府决策者、科研工作者和环境保护者提供有价值的参考资料，促进湿地资源的可持续管理和利用，能够在湿地保护的道路上，成为一本有价值的参考资料，为构建人与自然和谐共生的美好未来贡献力量。

因水平有限，谬误之处在所难免，敬请读者批评指正。

编者

2024年6月

目　录

第1章 酒泉片区湿地概况[*]

湿地是陆生生态系统和水生生态系统之间具有独特水文、土壤、植被与生物特征的多功能过渡性生态系统，在涵养水源、调节洪水径流及生物多样性形成等方面具有十分重要的作用。作为地球表层系统的重要组成部分，湿地是自然界最具生产力的生态系统和人类文明的发祥地之一。在联合国环境规划署（UNEP）委托世界自然保护联盟（IUCN）编制的《世界自然资源保护大纲》中，湿地与森林和海洋一起并称为全球三大生态系统。湿地具有多种供给、调节、支持与文化服务功能，是人类重要的生存环境和资源资本，与人类生产生活和社会经济发展息息相关。1971年，国际社会建立全球第一个政府间多边环境公约——《湿地公约》，1992年，中国加入《湿地公约》，自此，我国湿地保护事业进入了新的发展时期。开展湿地资源调查，摸清湿地资源家底，把握湿地资源动态，是履行《湿地公约》各项工作的根基。

本书以酒泉片区内的湿地资源调查数据为依据，在了解该研究区域内湿地类型及其形成、湿地基本特征、湿地生物多样性，以及湿地生态价值的基础上，为湿地保护与管理提出相关建议。

1.1 研究区地理范围

酒泉片区湿地位于青藏高原北缘，地处祁连山西端，素有"甘肃的可可西里"之称。地理位置为北纬38°26′～北纬39°52′，东经95°21′～东经97°10′。北面与玉门市毗邻，西面和阿克塞县接壤，南面同青海省交接，东西跨度约152 km，南北跨度约150 km，总面积为16 997 km²。

<small>* 酒泉片区即祁连山国家公园酒泉片区，为方便文本写作和读者阅读，全书用其简称。

文中关于物种属名，其拉丁文用斜体，表格、附录中，在其拉丁文名后还附有命名人，部分属系变更后的名称，用括号标注初始命名人，后附重新命名人。</small>

酒泉片区位于祁连山西端的褶皱地带，该处地形错综复杂，山川峡谷交错，并有盆地镶嵌其中。地势东高西低，山体自西北向东南延伸，从北至南依次为大雪山、疏勒南山、野马南山和党河南山。山势高耸挺拔，群峰竞立，最高峰海拔达5 483 m，最低海拔为2600 m，相对高度在1 000 m以上。境内山地坡向明显，阳坡平均海拔均在4 800 m以上（雪线），阴坡平均海拔在4 700 m左右。山间盆地地势相对开阔平坦，主要有三个盆地，分布于盐池湾、石包城南滩和野马滩地带。主要谷地分布在党河、疏勒河和野马河三大河流区域。

酒泉片区位于青藏高原气候区，属于高原亚寒带气候类型，总体特征为年降雨量稀少，风力强度大，昼夜温差明显，总体气温偏低，气候随海拔梯度变化显著。

1.2　湿地类型及分布

1.2.1　湿地类型

本书对现有的各种湿地分类系统进行了综合比较，同时，根据酒泉片区自身的自然条件，选择了湿地分级分类系统。湿地是一个涉及面很广的自然生态系统，在空间和时间上处于一个过渡状态。因此，对湿地进行系统分类具有相当的复杂性，实际操作相当困难，很难在同一层次中以单个特征因子对所有类型进行分类。为了满足以上的分类原则要求，本书采用成因、特征与用途分类相结合的方法，构建分级分类系统，主要采用依据如下：

1级，按成因的自然属性进行分类。

2级，天然湿地按地貌特征进行分类，人工湿地按主要功能进行分类。

3级，天然湿地主要以湿地水文特征进行分类，包括淹没的时间、水分咸淡程度、湿地水源等特征因子。由于采用同一水文特征不可能将所有地貌类型的湿地较好地分类，因此，对不同地貌类型的湿地采取了不同的水文特征，如湖泊和河流根据淹没时间分类，内陆沼泽根据咸淡程度分类。

4级，主要以淹没时间的长短进行分类，分为永久性和季节性。对一些难以以淹没时间进行分类的类型，采用基质性质、地表植被覆盖类型，或其他水文特征因子进行分类。

5级，按植被分类（沼泽），或按河网级别分类（河流）。

6级，按典型植被类型进行分类。

按照等级分类的方法，将酒泉片区湿地划分为6级，详见表1-1。其中，根据成因的自然属性，酒泉片区内湿地资源均为天然湿地，即一级为天然湿地；二级根据地貌特征划分为河流湿地、湖泊湿地、沼泽湿地和内陆滩涂；三级划分为6类，分别是永久性河流湿地、季节性河流湿地、永久性湖泊湿地、季节性湖泊湿地、淡水沼泽和泉水补给沼泽；四级划分为8类，分别是永久性河、河漫滩/洪泛湿地、永久性淡水湖、季节性淡水湖、草本沼泽、沼泽化草甸、地热泉和淡水泉；五级将永久性河流划分为1级河流和2级河流，将草本沼泽划分为草丛沼泽地和高山冻原湿地；六级划分中，将草丛沼泽划分为莎草沼泽、嵩草—苔草沼泽、禾草沼泽和杂草沼泽4类，将高山冻原湿地划分为嵩草—苔草沼泽和杂草沼泽2类。

表1-1　酒泉片区湿地类型

一级	二级	三级	四级	五级	六级
天然湿地	河流湿地	永久性河流湿地	永久性河	1级河流	—
				2级河流	—
		季节性河流湿地	间歇性河	—	—
			河漫滩/洪泛湿地	—	—
	湖泊湿地	永久性湖泊湿地	永久性淡水湖	—	—
		季节性湖泊湿地	季节性淡水湖	—	—
	沼泽湿地	淡水沼泽	草本沼泽	草丛沼泽地	莎草沼泽
					嵩草—苔草沼泽
					禾草沼泽
					杂草沼泽
				高山冻原湿地	嵩草—苔草沼泽
					杂草沼泽
			沼泽化草甸	—	—

续表1-1

一级	二级	三级	四级	五级	六级
天然湿地	沼泽湿地	泉水补给沼泽	地热泉	—	—
			淡水泉	—	—
	内陆滩涂	—	—	—	—

1.2.1.1 河流湿地

酒泉片区内的河流湿地主要有疏勒河、党河、榆林河3条永久性河流和野马河1条季节性河流,以这4条1级河流为主体,与大水河和奎腾河2条2级河流一起形成了本区的河流湿地。

疏勒河,又名昌马河,为酒泉片区内最大的河流,发源于疏勒南山,在片区内,流程近60 km,流域面积为12 104 km²,年径流量为9.92×10⁸ m³。

党河,酒泉片区内第二大河,发源于党河南山。在区内流程为144 km,年径流量为3.28×10⁸ m³。党河有大水河和奎腾河2条支流。党河进入漫土滩后全部下渗形成潜流,至克腾高勒后溢出地表,分流形成大水河和奎腾河。

榆林河,发源于大雪山北坡和野马南山北坡的冰川群。由融雪潜入地下,于石包城盆地溢出地表,以泉水汇流成河。在区内,流程达10 km,年径流量为0.65×10⁸ m³。

野马河,发源于大雪山,是一条季节性河流。春季开化,夏、秋季暴雨过后形成地表径流,其他季节出山后潜入地下,在个别地区溢出,形成间歇性河。同时,由于地下水的渗出,在野马河周围地区形成了洪泛湿地。

此外,在春季开化后,随着气温升高,党河南山及大雪山的积雪开始融化,加上逐渐增多的降水,在党河南山北坡及大雪山周围的一些沟系形成了季节性河流,在这些季节性河流周围地区形成了洪泛湿地。

1.2.1.2 湖泊湿地

由于融雪下渗、自然降水和河流补给,在酒泉片区内的低洼地区形成了湖泊。其中,酒泉片区内的湖泊湿地主要分为永久性湖泊湿地和季节性湖泊湿地,均为淡水湖。

（1）永久性湖泊湿地

典型的永久性湖泊湿地有平草湖、大道尔基、小德尔基和三个郭庄的湖泊群，主要补给为天然降水、党河河水分流以及泉水。党河南山北部沟系中零星分布着少数湖泊，这些湖泊的主要补给为冰川融水。

（2）季节性湖泊湿地

季节性湖泊主要为分布在音德尔特的月牙湖，这些湖泊数量及大小随季节变化，在春、夏季降水较多时，因自然降水和野马河补给加大而出现，此时的月牙湖数量多且面积大，在秋、冬季伴随降水减少，月牙湖数量和面积随之减少。

1.2.1.3　沼泽湿地

沼泽湿地地表经常或长期处于湿润状态，具有特殊的植被和成土过程。有或无泥炭积累，是酒泉片区内的主要湿地类型，主要分布在各河流周围，以党河流域周围的平草湖、大道尔基、小德尔基、蓝泉湖和三个郭庄最为典型，另有党河南山的部分沟系中的沼泽湿地和野马滩沼泽湿地；同时，在河流周围由于河水下渗形成了沼泽湿地。酒泉片区内的沼泽湿地又分为淡水沼泽和泉水补给沼泽2类。

（1）淡水沼泽

淡水沼泽为灌丛沼泽、沼泽草地和其他沼泽地3类，根据沼泽地土壤特性，草本沼泽又分为草丛沼泽地和高山冻原湿地2类。根据湿地植被类型，草丛沼泽划分为莎草沼泽、嵩草—苔草沼泽、禾草沼泽和杂草沼泽4类。高山冻缘湿地可划分为嵩草—苔草沼泽和杂草沼泽2类。淡水沼泽的补给主要来源于天然降水、河流补给和泉水补给。

酒泉片区内的淡水沼泽是其湿地生态系统的又一大主体，发挥着重要的生态功能。一方面，由于其优越的水资源孕育了丰富的湿地植物资源，而湿地植物又改善了湿地土壤养分环境；同时，优良的植被和土壤条件为湿地的水资源起到了很好的净化作用。另一方面，淡水沼泽由于其生态优越性，为片区内的动物，尤其是鸟类提供了很好的栖息和繁殖场所。

（2）泉水补给沼泽

泉水补给沼泽主要有淡水泉和地热泉2类。酒泉片区内山泉众多，这些山泉主要由融雪和河流下渗后，含水层与地面相交处地下水涌出地表而形成。其中，淡水泉分布较广，有360眼，这些泉水为酒泉片区内的沼泽湿地和河流湿地提供了水源补给。此外，还有地热泉5眼，著名的有开腾温泉和哈鲁乌苏温泉。

1.2.2 湿地面积

根据2023年自然资源调查结果，酒泉片区湿地总面积为1 357 km²。其中，河流湿地面积为66.59 km²，湖泊湿地面积为0.07 km²，沼泽湿地面积为922.11 km²。河流湿地中，永久性河流湿地面积为66.23 km²，季节性河流湿地面积为0.36 km²。湖泊湿地全部为季节性淡水湖湿地。沼泽湿地中，灌丛沼泽湿地为0.33 km²，沼泽化草甸湿地为460.22 km²，其他沼泽地为461.56 km²。内陆滩涂面积为368.23 km²。湿地面积详见表1-2。

表1-2　酒泉片区湿地面积

湿地类型		面积/ km²	合计/ km²
河流湿地	永久性河流湿地	66.23	66.59
	季节性河流湿地	0.36	
湖泊湿地	季节性淡水湖	0.07	0.07
沼泽湿地	灌丛沼泽	0.33	922.11
	沼泽化草甸	460.22	
	其他沼泽地	461.56	
内陆滩涂		368.23	368.23
合计		13.57	

1.3　湿地的生物多样性

湿地是一种重要的自然资源，是人类及许多野生动物、植物的重要生存环境，生物多样性丰富。它不仅为人类的生产、生活提供多种资源，而且具有巨大的环境功能和效益，在抵御洪水、调节径流、蓄洪防旱、控制污染、调节气候、控制土壤侵蚀、促淤造陆等方面，具备其他系统不可替代的作用。湿地是多种生物门类栖息、生长、发育的良好生境，是生物的起源地，尤其在干旱区，湿地是生物多样性最高的生态系统，在维持本地区的生态系统稳定性和保护生物多样性方面意义重大。

根据 2023 年自然资源调查结果，酒泉片区共有高等植物 492 种，以湿地为生境或生于湿地的物种达 168 种，占 34.1%，超过 50 种以上的浮游藻类生长于湿地河流和季节性湖泊之中，共有湿地脊椎动物 92 种，约占酒泉片区内总脊椎动物种数（276 种）的 33.3%，其中包括 8 种国家一级重点保护野生动物和 23 种国家二级重点保护野生动物。

1.4　湿地周边的社会与经济发展状况

1.4.1　社会经济

近些年，肃北县工业企业发展较快，生产规模不断扩大，主要工业产品有黄金、白银、铜、铬精粉、镁砂、原煤、钨砂、铁精粉等。改革开放以来，该地区的商品经济得到长足发展，餐饮业、商品零售业从小到大、从少到多，在社会经济中已占相当大的比重。根据地区生产总值统一核算的结果可知，2023 年，该地区生产总值为 26.1 亿元，按不变价格计算，增长了 2.3%。其中，第一产业增加 1.7 亿元，增长 6.5%；第二产业增加 13.5 亿元，增长 0.4%；第三产业增加 10.9 亿元，增长 3.7%。

1.4.2　文化教育

肃北县文化历史较为久远，人文底蕴丰厚，保留了原生态的西部蒙古族原始文化。长调、歌舞、祝赞词风情浓郁；骑马、摔跤、射箭、草原那达慕久负盛名，服饰、刺绣、绘画、民间文学瑰丽灿烂；岩刻画、石窟都闪烁着中华民族文化的流光溢彩，也体现了先民们的聪明才智。肃北已公布的非物质文化遗产项目共 99 项；其中，国家和省市级 51 项；代表性传承人 162 名，国家和省市级 70 名。先后举办五届"丝绸之路那达慕"（肃北县）文化旅游节，承办八省区"孟赫嘎拉"文化旅游节、蒙古族服饰大赛、男儿三技艺、民族手工艺品展示赛等节会活动，成为中国著名的蒙古族文化之乡。

中华人民共和国成立后，党和政府十分关心民族地区的文化教育事业，民族地区的教育事业从无到有，从小到大。1994 年，全县青壮年非文盲率达

99.7%。1997年改革开放以来，实行教育兴国的战略，肃北文化教育事业又有了新的发展。截至2021年底，全县实现了普及九年义务教育。2022年高考考生103人，专科及以上录取率达94.2%，落实义务教育和学前教育免费补助777人（次），共补助资金35.7万元。

肃北是一个民族自治县，也是一个多民族聚集的地方，有蒙、汉、回、藏、满、土、鄂温克、裕固8个民族。在民族政策和宗教政策的保护下，少数民族的风俗民情、宗教信仰得以保存，肃北民族文化的多样性得以保留。

第2章 酒泉片区湿地地理环境概况

2.1 地质基础

2.1.1 地层

酒泉片区地层区划属昆仑秦岭区、中祁连分区、疏勒小区。地层发育较全，除寒武系缺失外，其他各系地层均有出露。其中，古生界最为发育，构成南祁连山西段乌兰达坂儿和古穆博里达岭主体。次为新生界，主要分布在哈勒腾河、党河及野马河槽地。上元古界分布在党河以北。下元古界仅见于党河以北的盐池达坂沟一带及野人达坂一带，出露面积较小。中生界分布在党河上游地域。

2.1.1.1 前震旦系（Anz）

分布于党河以北地区野马南山与蛮干布尔嘎斯西南部一带，为一套区域变质岩，构成党河北山的古老基底，总厚度大约 4 723 m。根据岩性和沉积相、变质特征可划分为下、中、上三个岩组，各岩组之间皆为整合接触，与震旦系被断层所割，下奥陶统和上泥盆—下石炭统不整合覆盖其上。下岩组（Anza）在黑沟剖面本组厚度大于 1 716 m，但沿走向向西延伸至红石头沟至乎达坂口子一带，厚度为 2 500～3 000 m；中岩组（Anzb）厚度为 1 807 m；上岩组（Anzc），厚度大于 1 200 m。

酒泉片区前震旦系三个岩组构造了一个由碎屑岩—碳酸盐岩组成的大的海侵层序，中部出现的火山岩表明当时的海底动荡伴有火山喷发，但总的趋势是海水逐步加深，各岩组间又有不少小的沉积旋回，为一套海相正常沉积岩夹火山岩建造。

2.1.1.2 震旦系（Z）

震旦系分布在夏吾特沟、扁麻沟、小坦尔基、独山于一带。为一套浅—

中等变质的海相碳酸盐岩、碎屑岩。主要岩性有二云石英片岩、绿泥绢云石英片岩、黑云母变粒岩、大理岩、白云石大理岩、红柱石云母石英片岩、绿泥绢云千枚岩、石英岩、粉砂泥质板岩、变质勒砂岩、红柱石石英角岩、红柱石黑云母角岩等。按沉积旋回和建造、化石等特点，将其划分为三个岩组，可见厚度为 7 535 m。

下岩组（Z1）：本岩组见于夏吾特沟、扁麻沟一带，主要为海相碳酸盐岩及碎屑岩，厚度达 1 297 m。

中岩组（Z2）：本岩组和下岩组于夏吾特沟连续沉积，局部断层接触，是一套浅变质的海相碎屑岩和碳康盐岩，可见厚度 1 794 m。

上岩组（Z3）：本岩组与中岩组为连续沉积。分布于夏吾特沟脑、盐池达坂沟脑、小道尔基及独山子一带。以海相碳酸盐岩为主，夹海相碎屑岩，可见厚度 2 468 m。

该沉积时期特点是海进—海退—海进的旋回程序，沉积韵律为下部以海相碳酸盐岩为主，夹碎屑岩，中部以粘土岩和碎屑岩为主，夹碳酸盐岩，上部以海相碳酸盐岩为主，夹碎屑岩。次一级的韵律和小韵律更为明显，一般以粘土岩或碎屑岩开始，到碳酸盐岩结束。具有明显的地槽型复理石沉积建造特征。

2.1.1.3 奥陶系（O）

奥陶系分布在党河两岸乌兰达坂北麓和古穆博里达岭一带。该系由一套沉积韵律颇为清晰的碎屑岩和少量火山碎屑岩组成，总厚度近 10 000 m。

下奥陶统（O1）：主要分布在乌兰达坂山的吾力沟至扎子沟及哈尔挥迪和大沙沟至黑刺沟一带，可划分为三个岩组。下部为中基性火山岩组，中部为中酸性火山岩组，上部为结晶灰岩组，向东相变为砂岩、板岩及凝灰砂岩等。

中奥陶统（O2）；分布于扎子沟以东的乌兰达坂山北坡，向东至古穆博里达岭的黑刺沟—大沙沟一带，呈北西—南东向出露，并延伸到邻区。组成地层岩性简单，为一套陆源碎屑岩，呈复理石式，岩层产状稳定，按沉积韵律及接触关系可为两个岩组：

下岩组（Oha）：含有笔石化石，厚达 2 247 m。

上岩组（Ohb）：灰色长石石英砂岩、灰黑色千枚状泥质板岩夹变质粉砂岩、细砂岩，厚约2 333 m。

2.1.1.4　志留系（S）

志留系主要分布在乌兰达坂山南坡，北坡仅见于东部地带中下统属地槽型沉积，上统为粗碎屑砂砾岩，属磨拉石建造。志留系总厚度达18 000 m。志留系与奥陶系呈断层接触，中志留统为上泥盆统不整合覆盖，志留系三统间变质差异显著。

下志留统（S1）：主要分布在乌兰达坂山南坡。西起清水沟南山，向东南延至红达坂沟口，为一套变质碎屑岩及泥质岩，划分为两个岩组——变质砂岩组（S1a）和砂扳岩组（S1b），总厚度大于7 362 m。

中志留统（S2）：分布较广，构成乌兰达坂山主峰，北西—南东向带状分布，可分为两个岩组——中基性火儿岩组（S1a）和硬砂岩组（S1b），总厚度达5 516 m。北侧以断层与中奥陶统相接，上部为上泥盆统，不整合覆盖。

上志留统（S3）；分布在黑刺沟至桃湖沟一带，形成较宽的向斜构造。由砾岩、硬砂岩等超碎屑岩组成，夹有紫色泥质岩。厚度达5 059 m，属磨拉石建造，未经变质，分为三个岩组——砾砂岩组（S3a）、硬砂岩组（S3b）和砂砾岩组（S3c），连续沉积。

2.1.1.5　上泥盆统及下石炭统（D3及C1）

酒泉片区仅发育有上泥盆统，至下石炭统怀头他拉组，主要在乌兰达坂山南坡断续分布，东起大冰沟，西至克希且尔干德，党河北岸大道尔基超基性岩体北侧有零星出露，伊和阿腊嘎勒台、塔塔勒、沙尔浑迪、包尔一带呈东西或南北向条带状分布，在哈马尔达巴、古穆博里达岭野马滩亦零星分布。为一套海相、海陆交互相，陆相沉积由碎屑岩、石膏、碳酸盐岩组成，构成弯曲短铀向斜或背斜构造，分别不整合于前震旦系、震旦系、奥陶系及加里东晚期侵入岩体之上，含有动物及植物化石碎片，总厚度为700 m。

该地层划分为三部分，下部为上泥盆统沙流水群（D3sh），中部为下石炭统城墙沟组（C1c），上部为下石炭统怀头他拉组，三者之间均为整合接触，连续沉积。

2.1.1.6　中—上石炭统（C2-3）

中—上石炭统出露在黑沟、包尔等地，呈北西西向条带状分布。总厚度达166 m。岩性主要为炭质，泥质岩石及少量碎屑岩与碳酸盐岩在上部常夹有薄煤层，具有明显的沉积韵律。页岩中产植物化石，碳酸盐岩中产海相动物化石。在南部沙尔浑迪等一度上升为陆地，未接受沉积；在北部包尔、黑沟等地，当时海水时进时退，继续接受沉积，形成海陆交互相的炭质与砂质及碳酸盐质沉积。

2.1.1.7　二迭系（P）

二迭系主要分布在酒泉片区东部，呈北西、北东、南北向条带状分布，向东延伸至硫磺山幅。该系地层主要由碎屑岩组成，夹少量碳酸盐岩层，产动植物化石。可划分为上、下两统。下二迭统巴音河群（P1bn）和上二迭纪统诺音河群（P2nn）。

2.1.1.8　三迭系（T）

三迭系分布于东部，呈北西、北东、南北向条带状分布，向东延伸至硫磺山幅，主要为一套碎屑岩，局部夹碳酸盐岩薄层，产动植物化石，可划分为下、中、上三统，各统间均为整合接触，总厚度为2 360 m。

下三迭统（T1）：分布在阿勒腾哈孜安至大冰沟及党河上游的牙马台、达格德勒、柯柯库勒、扫萨那必力、哈仑乌苏、包尔一带，呈北西西、北东或南北向条带状分布，构成向斜和单斜构造，为一套碎屑岩，沿横向岩性变化不大，厚度为560 m。下三迭统可能为河流—滨海相沉积。

中三迭统（T2）：分布在大冰沟、牙马台、柯柯库勒、扫萨那必力、包尔一带，呈北西、南北向带状分布，构成向斜和单斜构造。其中含海相动物化石及植物化石碎片，交错层理发育。向东至硫磺山幅有薄层灰岩夹层出现，并含大量海相动物化石，在厚度上，南部达278 m，北部可达552 m。这说明沉积环境不稳定，该统属滨海—浅海相沉积。

上三迭统哈仑乌苏群（T3h1）：分布于阿勒腾哈孜安至且尔干德，哈仑乌苏包尔一带，构成北西西向斜构造之核部。由一套细碎屑岩及泥质岩石组成，内含丰富植物化石，与中三迭统为整合关系。可划分上、下两个岩组，总厚度大于1 248 m。

上岩组（T3h12）：含丰富的植物化石，厚度大于310 m。

下岩组（T3h11）：含植物化石，厚度938 m。

2.1.1.9　侏罗系（J）

侏罗系分布于乌兰达坂山北坡的半截沟与南坡的克希且尔干德及乌托泉等处的互不相连的山间盆地与山前断陷盆地内，出露面积小。呈北西向与近东西向的条带状分布。由碎屑岩夹泥质岩组成，产油页岩、煤、动物化石，未见顶底。根据岩性、化石、沉积相、接触关系等，将其划分为中—下统（J1-2）和上统（J3），总厚度大于482 m。

2.1.1.10　白垩系（K）

白垩系仅见白垩系下统，主要分布在尧勒特—乌兰额热格上游、色尔一带，黑子沟北、古穆博里达岭、野马河上游北侧山麓边缘地带也有分布，出露面积约130 km²。其岩性为紫、紫红、砖红色中细粒长石石英砂岩、含砾中粗粒长石砂岩、砾岩，偶夹灰色薄层泥质页岩、粉砂岩、灰岩、石膏等。它不整合于上震旦和下三迭统等地层之上，与上新统疏勒河为不整合接触，可见厚度为736～1 768 m。

本统地层以色深、碎屑分选性和磨圆度差、韵律特征不明显、相交较剧烈、厚度大等为其特征，处于氧化环境下，属河流相沉积之红色碎屑岩建造，局部地段尚有湖相沉积。

2.1.1.11　上第三系（N）

上第三系分布于乌兰达坂南北两坡的山前，党河河谷呈北西或东西向的条带状分布，由于第四系覆盖，地层出覆较零星，本系可划为中新统和上新统，以中新统分布较广，二者呈假整合接触。

中新统白杨河组（N16）：主要分布在乌兰达坂北坡的二道泉至大红沟一带和查干布尔嘎斯河谷两侧。该统主要为一套泥质岩夹碎屑岩，按岩性可分上、中、下三层。上部为砖红色细粒长石石英砂岩、砾岩与灰绿色粉砂岩，夹粉砂质页岩及薄层灰岩，厚239 m；中部为杂色页岩、粉砂质页岩、粉砂岩，夹杂砂岩、细砂岩、泥灰岩。产腹足类、瓣鳃类介形虫化石及植物化石碎片，厚983 m；下部为灰黄、灰紫色砾岩，灰白、灰黄和黄褐色细—粗粒长石石英砂岩，夹粉质泥岩、泥质细砂岩、泥质粉砂岩、泥岩等，厚617 m。

本统不整合覆盖在下石炭统和上震旦统上岩组之上，断层切割未见顶，总厚度大于1 839 m。本统以色杂、物质成分细、韵律特征明显、具有波痕和斜层理、相交大、含河湖相软体动物化石为其特征。白杨河组为一套河湖相沉积的泥质岩—碎屑岩建造，底部和上部碎屑岩较多。这说明中新世早期和晚期，可能以河流相沉积为主。中期沉积物质较细，且含丰富腹足类、辫鳃类软体动物化石和介形虫及植物化石碎片，属典型的湖相沉积。

上新统疏勒河组（N2s）：分布于乌兰达坂山北坡的二道泉至马牙沟一带、党河上游、伊辉腾郭勒、巴嘎辉解腾郭勒及查干布尔嘎斯西北牙马谷南北两侧，零星分布于黑刺沟东侧，出露面积350 km²。大致可分上、下二层。下部以紫红色砂质泥岩，少量紫红、橘红、橘黄色泥质粉砂岩类砾岩及含砾砂岩为主，在局部地段底部见有砾岩或含砾砂岩，偶夹泥岩、粉土岩和泥灰岩；上部为紫红、橘黄色粉砂质泥岩，以及砂质粉土岩，局部夹含砾砂岩、砾岩及薄层石膏，估计厚度为5～6 m。

本统以色单一、岩性软、产状平缓、显层理、砾石分选性和磨圆度较差、岩性交化不甚大，以及风化后呈鲜艳的橘红、橘黄、茄红色等为其特征，为一套在氧化环境下湖泊—山麓河流相沉积之红色碎屑岩、泥质岩建造。

2.1.1.12 第四纪（Q）

第四纪主要分布在乌兰达坂南坡哈勒腾河流域、北坡党河河谷，以及其他河谷平原、山间凹陷和山前倾斜平原，成因类型有洪积、冲积—洪积、湖积—淤积、风积、沼泽、冰水沉积和冰川堆积等。在中更新统、全新统采有化，更新统有抱粉分析。除下更新统已成岩外，其余均为松散堆积物，根据化石、岩性、接触关系、成因类型、地貌特征及前人类资料对比，将第四系划分下更新统、中更新统、上更新统、全新统早期和晚期。值得注意的是，在党河南侧的中、上更新统中普遍赋存有砂金层位，前人开采砂金的洞迹随处可见。

（1）下更新统玉门组（Q1y）

下更新统玉门组分布在乌兰达坂山北坡二道泉、大泉、小泉，以及南坡阿勒腾哈孜安和哈勒腾河拐弯处；零星分布于野马河北山山麓地带、盐池湾西侧和疏勒河边。厚度各地不等，为200～743.3 m。

（2）中更新统（Q2）

零星分布于夏蜡窑洞和大道尔基以北、查干布尔嘎斯河谷、哈马尔达巴阿木疏勒西岸，以及黑刺沟、半截沟、洞子沟等地，属冲积—洪积成因，地貌上组成河谷的Ⅲ—Ⅳ级阶地，厚70～100 m。

本统以半胶结砾石层、砂砾石层分选磨圆度差以及具不明显层理为其特征，区别于下更新统玉门组砾岩，与下伏下更新统砾岩和上覆上更新统呈嵌入不整合接触。

（3）上更新统（Q3）

上更新统分布于乌兰达坂山南北两坡的山前地带，组成古洪积扇，亦分布于野马河及党河河谷Ⅱ—Ⅲ级阶地以上的广大戈壁平原。可划分为洪积和冰水沉积两种类型，前者为主，后者仅分布在党河上游，与下伏之中更新统砾石层及上覆之全新统嵌入接触。

①冰水洪积物（Q3p1）：遍布于广大戈壁滩，由砂砾石层、砂层、含砾砂层、含砾亚砂土及亚砂土组成，成分因地而异，次棱角状，厚度小于50 m。

②冰渍物（Q3gl）：主要分布在高山，如祁连山和党河南山山脉的各大古冰槽谷和山前倾斜平原支沟地带，多以底渍、侧渍堆积物出现，可见厚度10～40 m。

③冰水沉积物（Q3fgl）：分布在党河上游哈尔浑迪至沙尔浑迪一带，由含砾亚砂土层夹少量含砾砂层、砂砾层组成，砾石成分复杂，以火山岩、矽岩板岩为主，其次为花岗岩、闪长岩、灰岩、大理岩与片岩等，分选性和磨圆度极差，分布于海拔3 850～4 130 m之间山前地带者，表层多为棱角—半棱角状，且被分选差的砾石覆盖。分布在较低处的沉积物较细，砾石有一定的磨圆度，具不明显层理，厚2～4 m。

（4）全新统（Q4）

全新统分布于各地大小河谷之现代河床及两侧支流地带，按成因类型有如下划分。

①冲积物（Q4al）：呈条带状，分布于党河、野马河及小河谷之河床、漫滩，由松散、大小不等的砂砾、碎石和砂土组成，厚2～3 m。

②洪积物：分布于党河南山山前洪积扇之现代冲沟及其两侧，由砾石、砂、砂土组成，偶夹含砂砾石层，与下伏上更新统洪积物常为嵌入接触，厚2～3 m。

③风积物（Q4col）：主要分布于党河上游额勒森玉牙马台西一带，零星

分布于野马河上游，在地貌上呈波状沙丘和新月形沙丘，总面积约 210 km²。一般厚度为 5~30 m，最大达 50 m。

④冰水堆积物（Q4fgl）：分布于哈尔浑迪之党河上游河床及其两侧，即海拔为 4 000~4 300 m 的地带，由砂砾石夹少量砂土组成。系冰雪融化之水短途搬运而沉积，夹杂少量具有冰川擦痕之砾石，厚度为 2~5 m。

⑤冰渍物（Q4gl）：分布于现代冰川前缘冰舌末端地带，岩性为杂乱无章的岩块、砾石及泥沙等，粒径大小悬殊，棱角分明，其成分与冰川覆盖基岩一致，厚度一般小于 15 m，个别终积堤可达 100 m。

⑥沼泽沉积物（Q4h）：主要分布于河流两侧低洼处，如乌兰窑洞—盐池湾党河两侧漫滩。其次见于多年片状冻土区及季节冻结区的一些沟谷或沟脑。岩性主要为灰褐色泥质腐殖土、粉砂质粘土及粘土，厚度一般小于 2 m。

2.1.2 地质构造

总观党河两侧及相邻地区，至少存在四个构造体系，即古河西构造体系、青藏"歹"字型头部外围旋扭褶带、区域东区西相构造带、祁吕—贺兰"山"字型构造体系反射弧西翼挤压带。

2.1.2.1 走向近东西构造形迹

党河以北该构造形迹最突出，展布于大道尔基以东的前古生界地层分布区内，北东向的褶皱较发育，同方向的断裂较褶皱更为突出，多为成带成束的展布，将其分为三个带：北带（扁麻沟脑挤压带）、中带（夏吾特褶断带）、南带（盐池达坂沟挤压带）。断裂发育详见表 2-1。

2.1.2.2 走向为北西—南东的构造形迹

该构造形迹最为突出，也是最重要的构造形迹，走向为 295°~300°，主要由平行展布的褶皱、断裂，长条状的侵入体及河谷沉积区组成，包括党河流域及其南山乌兰达坂山脉的广大狭长地带。可划分为 6 个带，酒泉片区内有 3 个带：党河中上游北西向出间沉积带—党河槽地、乌兰达坂山北西向冲断带、乌兰达坂挤压带。后者由 4 个复式向斜构造组成，乌兰达坂—黑刺沟脑复向斜、扎子沟—马牙沟复向斜、清水沟南山向斜和美丽沟向斜。断裂特点详见表 2-1。

2.1.2.3 祁吕—贺兰"山"字型构造

（1）查干布尔嘎斯北西向挤压带

分布在野马河北岸，属该构造西翼外缘与青藏"歹"字型构造，头部外围大体界线是音德达坂、包尔至疏勒河一带。酒泉片区断裂发育，规模不等，在宽不到30 km的自北东向南西的地带分布有17条规模较大的断裂，大部具压性兼扭性，具有拖延褶皱、羽状裂隙；挤压破碎带现象。详见表2-1。

（2）平达坂—乌兰额热格南北向构造带

南北向构造分布在平达坂、哈马尔达巴、乌兰额热格地区。褶带由上泥盆统一石炭系、二迭系、三迭系、白呈系等岩层褶皱和冲断裂构成。

2.1.2.4 青藏"歹"字型构造

巨型的青藏"歹"字型构造褶的头部波及该区，以褶皱和压扭性断裂组成北西向挤压带和相应槽地，包括野马河槽地、巴尔音树提勒旋扭褶带、党河槽地和古穆博里达岭旋扭褶带。详见表2-1。

2.1.2.5 野马南山东西向古老隆起挤压带

位居党河与野马河之间，自成一个褶带，向西延入别盖幅，经伊克德尔基北侧至肃北县城最后沉没于戈壁之下，它与青藏歹字型构造的北西向构造带和祁吕—贺兰山字型构造的南北向构造带为反接复合关系。由前震旦系、震旦系上统等变质较深的岩系褶皱和冲断层、加里东晚期花岗岩带组成。总体显示为一个古老构造的复式背斜，其南北两翼大部分被党河和野马河槽地掩埋。断裂详见表2-1。

表2-1 祁连山国家公园酒泉片区地质构造表

构造体系归属		编号	位置	产状（倾向、倾角）	规模（km）	力学性质	交接关系
吓吾特区域	东西向构造带 东西构造行迹	1	扁麻勾	—	16.5	压性	"人"字型
		2	扁麻勾	0∠70°	11.0	压性	
		3	小道尔基	180∠60°	14.0	压性	
		4	大道尔基—盐池达坂沟	—	20.0	压性	
		5	大道尔基	180∠65～80°	2-4	压性	

续表 2-1

构造体系归属		编号	位置	产状（倾向、倾角）	规模（km）	力学性质	交接关系
乌达坂古河西构造体系	北西南—东向构造行迹	6	乌兰达坂沟	SW∠40°	34.0	压住	"人"字型
		7	夏腊窑洞	隐伏	25.0	压扭	
		8	清水沟—大冰沟	NE∠60°～70°	110	压扭	
		9	清水沟—玉勒昆干尔德	NE∠50°	60	压扭	
		10	白石头沟	280∠70°	5	压扭	
		11	白石头沟南侧	210∠0°	28	压性	
		12-13	（并列）扎子沟—乌兰达坂	220∠50°～70°	44	压住	
		14	乌兰达坂中段—累刺沟	210∠50°	25	压控	
		15	14号南侧	S∠50°～70°	30	压性	
		16	克希且尔干德—红达坂	NE∠50°	20	压性	
		17	16号北测	NE∠70°	11	压性	
		18	16号南侧	NE∠60°～70°	t1	冲覆	
		19	红庙沟	NE∠50°	14	压性	
祁吕—贺兰"山"字型构造	走向北东的构造行迹	20	盐池达坂NE	SE∠80°	14	压性	有斜切
		21	盐池达坂S	140∠75°	8	压性	
		22	扁麻沟	NW∠65°	3	压性	
		23	克希且尔干德	NW∠80°	18	压姓	
		24	野人达扳共八条	280∠45°	8	压性	
		25	平草湖四条	NE∠60°	6	压性	
		26	查干布尔嘎斯东北	NE∠50°～70°	3～41	压扭性	
		26-42	—	—	—	—	

构造体系归属		编号	位置	产状（倾向、倾角）	规模（km）	力学性质	交接关系
党河北山区域南北构造带	南北向构造带	43	夏吾特四条	E∠70°~80°	18	压性	—
		44	小道尔基二条	—	6.5	压性	
		45	希如达巴东南侧	E	7.0	压扫性	
		46	哈马尔达巴	E	14.0	压扭性	
		47	伊和阿尔嘎勒台西南	W	2.5	压性	
		48	大泉	E∠60°	7.0	压扭性	
		49	扫萨那必力之西南侧	NEE	4.0	压扭性	
		50	克勒特	E∠60°~70°	7.0	压扭性	
		51	柯柯库勒之西	W	13.0	压性	
南祁连山西段	河西构造体系北北西构造行迹	52	清水沟西南—貉露淘二条	NNE∠75°	26	扭	—
		53	塔吾热特十几条	NNE∠85°	30	扭	
		54	喀蜡吐木苏克	W∠58°	2.5	扭	
		55	平达坂之北	—	6	不明	
野马山东西向构		56	平达坂之北	SW∠50°	2.5	冲覆	—
		57	平达扳之东北侧	SW	15.5	不明	
		58	哈马尔达巴之北侧	NNW	10.0	压性	
		59	哈马尔达巴之南侧	NNE∠50°~60°	24.0	压性	
		60	黑沟之西侧	—	7.5	压性	
		61	平达扳口子西侧三条	NNE∠60° 走向 E—W	8.0	压性	

续表2-1

构造体系归属		编号	位置	产状（倾向、倾角）	规模（km）	力学性质	交接关系
青藏「夕」字型构造头部外围褶带	巴尔音柯提勒旋扭褶带	62	音德尔达坂北侧	NE∠50°～60°	21.0	压扭性	65、66相交复合
		63	大泉东南侧	走向N55°	12.0	不明	
		64	伊和阿腊嘎勒台之西南侧	W	5.5	不明	
		65	哈仑乌苏西北侧	走向N35°	24.0	冲覆	
		66	巴尔音柯提勒之北侧	W	10.0	压扭性	
		67	哈仑乌苏之西侧	NE∠25°～50°	7.5	不明	
		68	哈仑乌苏之西	NWE∠28°～55°	10.0	压扭性	
		69	巴尔音柯提勒东侧	走向NWW	9.0	扭性	
		70	巴尔音乎德木之西南侧	SSW∠60°	5.5	不明	
		71	乌兰额热格三条	NE	11.0～27.0	不明	
		72	勒特之东侧	NE∠50°	4.0	压扭性	
		73	达格德勒二条	SE	2.0～4.5	扭性	
		74	牙马台	SW∠80°	5.0	压扭性	
	古穆博里达岭	旋纽褶带	大沙沟	SW∠34°	13.5	压扭性	—
			大沙沟南二条	SW∠50°～76°	23.0	压扭性	
			半截沟南侧	SSE∠76°	6.0	扭性	
		弧型展布 构造行迹	78	骆驼沟一带	SW∠45°SS	10～16	扭	—
			79	阿克塔斯阔腊北三条	SE	12.0	扭	

2.2　第四纪沉积

大面积区域性长期下降活动，自第三纪以来，尤其是第四纪普遍大规模下沉；堆积较厚的第四纪沉积物，在下降的相对稳定阶段，广泛发育了沼泽。

2.2.1　震荡上升运动

2.2.1.1　震荡式强烈上升运动

震荡式强烈上升运动主要分布在走廊南山、阿尔金山、托来南山、疏勒南山、党河南山等地的山脉，表现为阶梯状地貌形态。发育有三级夷平面。一级夷平面是现代冰川发育区，其高程大于4 700 m。该级夷平面大致形成于晚第三纪，早更新世初期被抬升。二级夷平面高程为4 300～4 600 m，因被断裂切割、冰水湖源侵蚀及区域性挤压，使山体北缓南陡，呈不对称性。二级夷平面形成于早更新世，中更新世被抬升。三级夷平面高程为3 700～4 000 m，为上第三系及白垩系组成的山前台地、上古生界和三迭系组成的山麓平缓波状丘陵，其形成于中更新世，晚更新世被抬升。由此可见，自第四纪以来，水脉的上升幅度为1 000 m以上，上升速度大于外力剥蚀作用。

2.2.1.2　震荡式缓慢上升运动

震荡式缓慢上升运动主要表现为河谷的多级阶地。工作区内河谷阶地多为内迭式阶地，中上游一般发育有Ⅰ、Ⅱ级阶地，下游普遍发育Ⅱ、Ⅲ级阶地，仅在个别地段可见高级基座式阶地，现代河床与高级阶地相对高差达40 m，这是说明震荡式缓慢上升的有力证据。

2.2.2　褶皱断裂运动

挽近褶皱断裂运动常见于盆地与山地的接合部位，多半是老断裂的继承活动。老断裂的挽近活动，使古老褶断带上的老地层逆冲于盆地边缘的第三系之上，并使第三系产生局部地层倒转、直立，产生次级逆冲断裂，普遍发育有较平缓的短轴褶皱构造，其走向与老构造线一致，部分断裂延伸较远。

以抬升为主的新构造运动，不仅使古老地层逆冲于第三系之上，且第三系又逆冲于第四系之上，甚至将第四系堆积物错断。

2.2.3 大面积沉降运动

大面积沉降运动是工作区构造运动基本的形式之一，据物探及钻探资料，测区盆地第四系厚度普遍为 100～300 m，最厚达 1 000 m，呈大幅度下降趋势。

2.3 地貌

酒泉片区地处祁连山西端褶皱地带，山川重叠，峡谷并列，盆地相间。地势由东向西倾斜，山体呈西北东南走向，自北而南依次为大雪山、疏勒南山、野马南山和党河南山。山脊多在海拔 4 000 m 以上，相对高度在 1 000 m 以上，山势高耸挺拔，群峰竞立，最高峰海拔 5 483 m，最低海拔 2 600 m。

境内山地坡向明显，阴坡平均海拔 4 700 m 左右，阳坡平均海拔 4 800 m 以上（雪线），海拔 5 000 m 以上现代冰川发育良好。冰川主要分布于党河南山、疏勒南山、大雪山的山脊，也有阶地、冰川、冰斗和冰川槽谷。一片皆白，终年为冰雪覆盖，寒气逼人。

高山带海拔 2 800 m 至雪线下多为分水岭脊，古冰斗和冰渍平台。海拔 3 800～4 200 m 多为宽谷。中山带海拔 3 000～3 800 m，坡度平缓，有的呈丘陵地貌，相对高差为 100～200 m。古冰川渍台开阔呈山原面和夷平面。

山间盆地地势开阔平坦，主要盆地有石包城南滩盆地、野马滩盆地和盐池湾盆地。主要谷地有疏勒河谷地、野马河谷地和党河三大谷地。长期受河流侵蚀作用，一些地带形成峡谷地形，主要有疏勒河峡谷、榆林河峡谷和党河峡谷。

长期受山洪冲积，在山前形成大面积的冲积扇，为洪积倾斜戈壁平原，由巨厚疏散的砾石夹土而成。干旱少水，植被稀疏，主要是多年生的耐旱灌丛。据内外动力地质作用，将酒泉片区地貌成因和形态类型分为 3 大类 8 亚类（表 2-2）。

表2-2 酒泉片区地貌特征

类	亚类	代号	特 征 简 述
侵蚀构造地形	极高山	I_1	分布于阿尔金山、党河南山、土尔根达坂、喀克土蒙克、疏勒南山、走廊南山等山脉峰。海拔多在4 500 m以上,切割深度大于450 m。角峰、鳍脊、冰斗极为发育,分布有现代冰川或终年积冒
造地形	高山	I_2	分布于阿尔金山、党河南山、土尔根达坂、喀克土蒙克、托来南山、疏勒南山、走廊南山等山脉地区。海拔为4 000～4 500 m,切割深度一般为700～1 500 m,古冰川创蚀作用强烈,山体尖锐,坡面陡直,沟谷深切,"V"型谷居多
构造剥蚀地形	中山	II_1	分布于野马南山、党河南山、哈尔科、疏勒南山等山脉地区。主要由下元古界变质岩系、古生界碎屑岩、变质岩、碳酸盐岩及加里东侵入岩构成。海拔为3 500～4 000 m,切割深度一般为500～1 000 m,水流侵蚀强烈,"V"字型河谷发育
构造剥蚀地形	低山丘陵	II_2	分布于阿尔金山、党河南山、鹰嘴山、照壁山、托来山等山脉的山麓,主要由中生界及第三系碎屑岩构成。海拔一般小于3 500 m,切割深度小于500 m,山体浑圆,山坡较缓,水流侵蚀较弱
维积地形	冰水堆积高台地	III_1	零星分布于各盆地山前,由中—下更统冰殖泥砾构造,海拔一般为3 600～3 900 m,以4°～8°坡向戈壁平原倾斜
维积地形	冲洪积平原及冰水积戈壁	III_2	分布于各山间盆地和河谷盆地,河谷盆地由上游向下游渐开阔,在山区一般呈"V"型或"U"型峡谷,山间盆地地形开阔,由山前向盆地中部倾斜,坡降一般为5‰～15‰,最大达40‰
维积地形	湖沼细土平原	III_3	分布于苏干湖、党河盆地、疏勒河上游盆地、野马河盆地,由全新统淤泥质亚砂土及淤泥构成,多为地下水溢出带或冻结层上水发育区,地势低洼,植被发育
维积地形	风积沙漠及盐沼地	III_4	分布于苏干湖盆地、野马河盆地、党河盆地上游及疏勒河上游盆地,多为活动型沙丘链,比高一般为5～15 m。同时存在盐渍化较为严重的盐沼地,多分布在地下水位埋深较浅的区域

2.4 气候

酒泉片区地处青藏高原气候区高原亚寒带，气温低，昼夜温差大，降水少，风大，气候垂直变化明显。年平均气温为-0.8 ℃，7月平均气温为11.7 ℃，1月平均气温为-14.4 ℃。≥10 ℃的天数为62天，海拔3 600 m以上地区日均温≥10 ℃的天数为零。年均降水量为202.5 mm，随海拔高度的升高而增加，海拔每升高100 m，降水量增加8～100 mm，降水多集中在夏季，占全年降水量的60%～69%，春季次之，占15%～25%，秋季占8%～13%，冬季最少，占0.1%～8%。冬季降水量随海拔升高而减少。年平均相对湿度为35%。蒸发量为2 493.3 mm，为降水量的17.5倍。年平均风速为3.7 m/s，大风天数为23.1天，最多年份为35天，最大可达11级。

2.5 水文

酒泉片区内大的河流有3条，即疏勒河、党河、榆林河。

疏勒河又名昌马河，是酒泉片区内最大的河流，发源于疏勒南山北坡的沙果林那穆吉木岭和陶勒南山南坡的古夏湟河、河脑德尔曲，全长620 km，肃北县境内350 km。主要水源是天然降水和冰川融水，年径流量为$9.98×10^8 m^3$，冰川融水补给为$3.19×10^8 m^3$，每年10月下旬结冰，翌年4月中旬开始消融，水质为硬水型。

党河为区内第二大河，发源于疏勒南山的崩伸达坂、宰力木克，以及党河南山东部的巴音泽日肯乌勒和诺于诺尔的冰川群。水源主要是降水、冰川融水和泉水。党河上游流出峡口，向西北进入漫土滩，全部下渗形成潜流，至乌兰窑洞后溢出地表形成径流。党河长390 km，肃北境内流程为280 km，流域面积为$2.14×10^4 km^2$，集水面积为$1.43×10^4 km^2$，年径流量为$3.29×10^8 km^3$，冰川融水补给为$1.38×10^8 m^3$，占42.07%。野马河是党河的大支流，现已成为季节性河流。

榆林河又名踏实河，发源于大雪山北坡和野马南山北坡的冰川群。上游清澈，水流湍急，流程10 km潜入地下，于石包城盆地溢出地表，以泉水汇流成河。河水水温较高，在石包城乡境内冬不结冰。长85 km，县内为10 km，年径流量为$0.65×10^8 m^3$。

地表极度潮湿，土壤水分几乎饱和，其上长有湿生植物，并有泥炭积累的地带，称为沼泽。片区内的沼泽主要为河流沼泽，最大的是党河流域的大道尔基，其面积有140 km²，汇集党河溢出的水和多处泉水而成。

2.5.1　地表径流

2.5.1.1　地表径流量

酒泉片区附近地区河流年地表径流总量为15.212×10⁸ m³。降水不均，在70～200 mm之间（表2-3、表2-4）。

表2-3　酒泉片区天然年径流量特征统计表

河名	监测站	集水面积（m²）	年径流量（×10⁸m³）							CV	CS/CV	汛期平均径流量（×10⁸m³）
			最大		最小		均值					
			径流量	年份	径流量	年份	径流量	径流深				
昌马河	花儿地	6 415	—	—	—	—	7.13	111.1	0.25	2.0	5.48
昌马河	昌马堡	10 961	13.9	1972	4.13	1956	8.39	76.5	0.22	2.0	5.83
疏勒河	潘家庄	18 496	3.72	1958	1.77	1976	2.72	14.7	0.20	2.0	1.08
党河	月牙湖	9 309	—	—	—	—	2.52	27.1	0.07	2.0	0.981
党河	党城湾	14 325	—	—	—	—	3.16	22.1	0.08	2.0	1.34
榆林河	蘑菇台	2 747	—	—	—	—	0.65	26.3	—	—	0.227

表2-4 酒泉片区天然年径流量月径流统计表

| 水系 | 河名 | 监测站 | 径流量（×10⁸ m³） |||||||||||| 连续最大4个月 |||
			1月	2月	3月	4月	5月	6月	7月	8月	9月	10月	11月	12月	全年	径流量	占年径流水量（%）	出现起止月份
疏勒河水系	昌马河	花儿地	0.086	0.073	0.095	0.321	0.512	0.764	2.09	1.99	0.653	0.319	0.196	0.128	7.21	5.48	76.0	6～9
	昌马河	昌马堡	0.216	0.200	0.235	0.394	0.570	0.816	2.04	2.16	0.816	0.421	0.303	0.222	8.39	5.83	69.5	6～9
	疏勒河	潘家庄	0.191	0.188	0.316	0.280	0.171	0.115	0.327	0.472	0.164	0.131	0.215	0.193	2.76	1.09	39.5	5～8
	党河	月牙湖	0.128	0.120	0.175	0.332	0.287	0.250	0.281	0.256	0.194	0.193	0.137	0.119	2.47	1.15	46.6	4～7
	党河	党城湾	0.174	0.180	0.218	0.389	0.361	0.320	0.412	0.354	0.255	0.248	0.171	0.161	3.24	1.48	45.7	4～7
	榆林河	蘑菇台	0.052	0.468	0.053	0.051	0.055	0.055	0.059	0.055	0.050	0.053	0.050	0.050	0.628	0.224	35.7	5～8

河川径流主要由降水和冰川积雪融水补给组成，冰川积雪融水补给使年径流的年际变化相对变缓，年径流变差系数在0.20左右。水质清洁良好，基本无污染，在Ⅱ类水以上。由于人口稀少，人均水资源占有量为省内第四位。该县占有量为76 000 m^3/人，远远超过全国人均占有量（27 000 m^3/人）和甘肃省人均占有量（1 530 m^3/人）。

2.5.1.2　地表水资源特征

（1）径流补给来源

地表径流发源于高山冰川地带，各河年补给比例中，地下水约占39.6%，冰雪融水约占37.6%，降水约占22.9%。

（2）径流特征

山区基岩裂隙水多在出山口之前，以泉水的形式排入河道，汇入地表径流，又经过不同的水利工程引入灌区，在引水期间，河床及渠系渗漏又补给地下水，以地下潜流形式向下游径流。

（3）径流变化规律

春季以冰雪融水和地下水补给为主，夏季以降水补给为主，并随自然气候的变化而变化，具有春径、夏洪、秋枯、冬干之特点。年内径流分配很不均匀，多年平均6～8月水量占年总量的49.1%，3～5月占19.9%，9～2月占31%。

（4）洪水特征

这些河流的洪水主要由夏季的暴雨和春季的冰雪融水形式下泄，河水流量往往猛涨。持续时间少则2～3小时，多则1～2天。一般洪水呈多峰型，大洪水呈单峰型。由大暴雨降水产生的洪峰，陡涨陡落。峰型尖瘦，持续时间短；由冰雪融水形成的洪峰，缓涨缓落，峰型肥厚，持续时间长（图2-1、图2-2）。

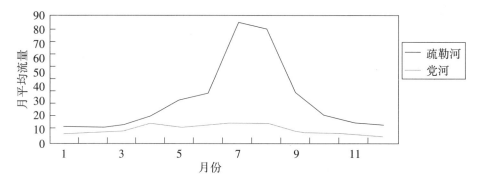

图2-1 月平均流量图

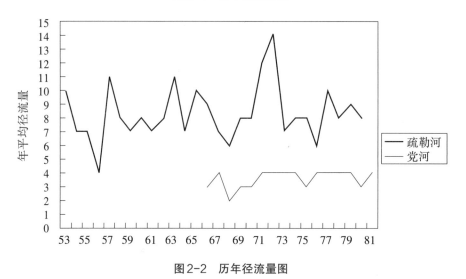

图2-2 历年径流量图

2.5.2 水文特征及影响因素

2.5.2.1 党河水文特征及影响分析

党河河长276 km，流域多年平均降水量为171.0 mm，年降水量为24.5×
10^8 m³，年径流量为3.16×10^8 m³，年平均流量为10.0 m³/s。影响其径流的主要
因素有冰川融水、地下水补给和暴雨，为典型的混合补给型河流。上游有宽
阔的河谷平原及山间盆地，使山区冰雪融水转化为地下水。出山径流四季变
化一般较平稳，表现为冰雪融水和地下水补给为主的特点，汛期集中在6~9
月，在此期间，暴雨形成山洪，洪峰流量较大，但历时较短，对径流影响不
大。近年来，由于水土流失，暴雨形成的洪峰逐渐增大，1998年洪峰流量为

242 m³，为历年最大洪峰。洪水夹带大量泥沙，给下游造成一定灾情损失。多年平均含沙量为 2.21 kg/m³，年最大含沙量为 225 kg/m³，年平均输沙量为 22.2 kg/m³，年输沙量为 70.1×10⁴ t，侵蚀模数为 48.9 km²。

2.5.2.2 榆林河水文特征及其影响因素

踏实蘑菇台站集水面积为 24.74 km²，年平均流量为 1.75 m³/s，年径流量为 0.650×10⁸ m³，径流深 26.3 mm，汛期平均径流量为 0.130×10⁸ m³。汛期占年径流比重较小。多年平均含沙量为 3.44×10⁸ m³，年最大含沙量为 414 kg/m³。年输沙率 6.19 kg/s，年输沙量为 19.5×10⁴ t，侵蚀模数为 79 km²。

2.5.2.3 疏勒河水文特征及影响因素

疏勒河受冰川补给影响较大，汛期集中在 6～9 月份，昌马河径流量所占比重较大，达 76%。暴雨或流域调蓄能力差等原因，7～8 月径流量占年径流量的 50% 左右，多年平均降水量花儿地为 144.7 mm；年平均流量为 28.2 m³/s（昌马堡）；多年平均含沙量，昌马堡为 3.41 kg/m³，年最大含沙量，昌马堡为 99.3 kg/m³。

2.5.2.4 野马河水文特征及影响因素

野马河为党河上游最大支流，主要受暴雨和地下水因素影响。无雨季节流量很小，主要为地下水补给，流量约为 0.7 m³/s。河谷平原较宽阔，夏季水草丰茂，为野生动物活动场所。暴雨期间，河水猛涨，在下游形成较大洪峰，流入党河。1996 年，洪峰流量为 42.0 m³/s；1998 年，洪峰流量为 54.0 m³/s；1999 年，洪峰流量为 86.0 m³/s。

2.5.2.5 石油河水文特征及影响因素

石油河年径流量为 0.292×10⁸ m³，平均流量为 0.92×10⁸ m³，径流深为 44.5 mm，石油河也为混合补给型河流，受降水因素影响较大，月流量分配不均匀，年径流变差较大。

2.6 冰川

根据中国第二次冰川编目，祁连山脉的冰川属河西内流水系和柴达木内流水系（北部区域），共有冰川 2 751 条，面积为 1 931.55 km²。酒泉片区是祁连山冰川数量最多的区域，有大小冰川 675 条，面积为 468.11 km²，占祁连山脉冰川总数的四分之一。酒泉片区内冰川面积较大，其中，疏勒河上游有冰川271条，冰川面积为157.12 km²；党河流域有冰川195条，冰川面积为103.06 km²；哈尔腾流域有冰川209条，冰川面积为207.93 km²。甘肃省境内最大的冰川老虎沟12号冰川在大雪山北麓，小昌马河上游，属疏勒河流域。

2.7 土壤

土壤是指地球表面具有一定肥力，能够生长植物的疏松表层，是成土母质、气候、地形、生物和时间综合作用下形成的，是一个独立的地质历史自然体。湿地土壤指长期积水或在生长季积水、周期性淹水的环境条件下，生长有水生植物或湿生植物的土壤。湿地土壤是湿地生态系统的一个重要组成部分，具有维持生物多样性，分配和调节地表水分，过滤、缓冲、分解、固定和降解有机物和无机物等功能，这些功能是湿地生态系统得以稳衡和发展的基石。酒泉片区境内的土壤均为自然土壤，可分为8类，9个亚类。以亚高山草原土为主体，约占区内土类总面积的33.52%；其次是高山寒漠土，约占30.39%，依照海拔高度可分为高山土壤、亚高山土壤和底山残丘戈壁土壤。

高山土壤主要分布于海拔3 800～4 700 m（阳坡4 800 m）的高山地带，包括高山草原土、高山漠土和高山寒漠土，分布于高山分水岭脊、古冰斗和冰渍台地、高山宽谷和坡谷地带。成土母质为冰渍物、残积—坡积物。气候属高寒半温润气候，高寒多山风，年降水量为260～350 mm，年平均气温<-4 ℃，≥5 ℃的年平均积温<600 ℃，无无霜期，终年处于日消夜冻的状态。植被多矮小，覆盖度为15%～70%。

亚高山土壤分布于海拔3 000～3 800 m的中山地带，包括亚高山草原土和亚高山草甸土。所处地形是比较平缓的分水岭、古冰渍台地，以及宽阔的山原面和夷平面。母质为冲积—洪积物或洪积—坡积物。气候属高寒干旱半干旱气候类型，年降水量为180～260 mm，年平均气温为-0.5～-4 ℃，≥5 ℃的年平均积温1 059～617 ℃，植被为亚高山草甸草原和灌丛草甸草原植被。

低山残丘戈壁土分布于海拔2 200～3 100 m的地带，由山石层层剥落洪积、坡积而成，主要属灰棕漠土类，砾石与土壤相混，形成山前砾石戈壁。植被主要是旱生半灌木植被。植被覆盖度低，高可达30%。

经过科考分析以及整理相关数据资料，得出以下酒泉片区湿地土壤理化性质，见表2-5。

表2-5　湿地土壤理化性质

评价指标	具体指标	理化性质
土壤孔型	土壤容重	在0~60 cm的土层中,随着土层深度的增加,土壤容重逐渐增大
	土壤孔隙	土壤非毛管孔隙度在各调查样地各土层中未表现出明显的变化趋势。土壤毛管孔隙度和土壤总孔隙度均表现为随着土层加深而逐渐减小
	土壤通气度	随着土层加深逐渐减小
土壤水分特性	土壤含水量	土壤含水量均随着土层加深而逐渐降低
	土壤持水量	各沼泽湿地土壤的最大持水量、毛管持水量和最小持水量均随着土层加深而逐渐降低,表明随着土层加深,土壤的保水能力也随之降低
	土壤蓄水量	未发现明显变化趋势
	土壤排水能力	未发现明显变化趋势
土壤养分特征	有机质	各沼泽湿地土壤有机质含量均在0~10 cm土层最高,随着土层加深,有机质含量逐渐降低
	水解性氮和全氮	表层土壤水解性氮含量最高,并随着土层加深而逐渐降低
	速效磷和全磷	所调查的湿地土壤速效磷和全磷含量均随土层加深而逐渐降低,在土壤表层含量达到最大
	速效钾和全钾	未发现明显变化趋势
	pH	各沼泽湿地土壤pH值均大于7,呈碱性

第3章 酒泉片区湿地植物资源

3.1 湿地植物生活型分析

　　湿地是一种重要的自然资源，是许多植物的重要生存环境之一。它的各项环境效益和功能主要依赖于湿地植被和湿地植物物种的多样性。酒泉片区整体海拔高，具有典型的高原亚寒带气候，降水少而蒸发量大，植物的生长环境严酷。湿地具有丰富的水分条件，为植物的生长提供了基础保障。因此，它成为区内植物多样性最为丰富的区域。

　　植物的生活型是植物对于综合生境条件长期适应而在外貌上反映出来的植物类型，即植物对一定的生活环境长期适应的一种表现形式。生活型是植物区系本身的生态学分类；同时，生活型可以反映一定地区的自然环境。这对于研究一定地区植物区系的分布和形成是很必要的。按照阮基耶尔的生活型系统，对酒泉片区内湿地种子植物生活型进行了分类和统计，结果如表3-1所示。经统计，湿地种子植物中有地面芽植物197种，占其湿地种子植物总数的53.8%，是酒泉片区内湿地种子植物生活型的主体，充分体现了其高寒草原湿地的特点。高位芽植物有27种，占7.4%，反映出区内湿地中乔木和灌木种类较少。地上芽植物有12种，占湿地种子植物总数3.6%。隐芽植物有89种，占湿地种子植物总数的24.3%，这些植物多生长在水域附近，反映出酒泉片区湿地种子植物的多样性。一年生植物40种，占湿地种子植物总数的10.9%，这些一年生植物大多为构成湿地植被的建群种或优势种。

表3-1 酒泉片区湿地种子植物生活型

生活型	一年生植物	隐芽植物	地面芽植物	地上芽植物	高位芽植物
种数	40	89	197	12	27
百分比	10.9	24.3	53.8	3.6	7.4

3.2 湿地植物区系分析

3.2.1 植物区系历史

现代植物区系是历史植物区系的发展和延续，而历史植物区系是在一定的自然条件的综合作用下植物本身发展演化的结果。根据甘肃植被区划，酒泉片区位于祁连山地的西祁连山荒漠植被小区，基带以砾石荒漠和沙漠为主，位于我国五大沙地之一的柴达木盆地沙地的东北缘和河西走廊安敦盆地暖温带荒漠植被区以南。在古生代石炭纪时期，祁连山在早石炭世晚期海侵扩大，至中石炭世海侵达到最大范围，它与华北海连成一片，成为祁连海，使甘肃中部和陇东地区均为海域。在二叠纪时期，祁连山北部在金塔运动后，海水全部退出而成为陆盆，而祁连山南部与西秦岭均被海水淹没。在中生代三叠纪时期，海陆分布大约以祁连山—秦岭一线为界，北侧均隆起为陆地，南侧为南祁连山海槽与秦岭海槽，在晚侏罗世发生了燕山运动，全省普遍发生褶皱上升，海水全部退出，所以海相生物绝迹，而北方型的植物则大量繁衍。到白垩纪时期，甘肃省地层继续褶皱上升，于是，甘肃西部形成了祁连山地和北山，而河西走廊部分却下陷为走廊盆地。当时气候为热带—亚热带温湿气候，植物生长茂盛。到新生代第三纪发生了喜马拉雅运动，使甘肃大地又迅速抬升，那时在内蒙古和西北各省区内，受海洋影响也较小，与同纬度相比较，地表接受最大太阳热量，夏季炎热，冬季温和，降水不多，蒸发量大，这与欧亚大陆中央存在一个干旱区有关联。植被基本上属于大陆性的亚热带旱生植被。到第四纪时期发生了冰期和间冰期，由于气候发生了急剧变化，植被也随之发生重大演化。河西走廊在第四纪，植被演替较明显，从更新世到全新世，孢粉组合由第三纪末亚热带气候条件下的亚热带子遗种属为主逐渐趋向绝迹，同时木本植物由多变少，而草本植物由少变多。到晚全新世，气候又向旱化发展，河西走廊湖泊干涸，盐湖和盐沼广泛发展，植物稀少，木本植物与蕨类植物基本消失，耐旱的草本植物占优势，全区呈现荒漠景观。

刘媖心等学者认为新第三纪上新世，青藏高原诸大山陆续上升，印度洋气流对柴达木盆地的影响变得非常微弱，气候趋向更为寒冷、干燥，湖面因强烈蒸发而收缩，开始出现盐湖，盆地边缘的洪积和冲积平原上发育着以麻黄科、藜科、蒺藜科、菊科为主的温带荒漠。

现今的柴达木盆地是一个构造盆地。昆仑山、阿尔金山和祁连山褶皱和断块上升，柴达木盆地下陷，是形成盆地的决定因素。中生代以前，盆地为地中海的一部分，是古地中海海侵地区，经过第三纪喜马拉雅造山运动隆起成陆。现代植物区系由古地中海南岸为主的干热植物区系发展起来。

总之，酒泉片区的温带荒漠植物区系在新第三纪上新世（或在第四纪初）就已经形成，其植物区系是从中亚植物区系和以古地中海南岸为主的干热植物区系发展而来，东部并有蒙古植物区系成分渗入。

3.2.2 酒泉片区湿地种子植物区系地理成分特征

根据编制的酒泉片区湿地植物名录，应用生物区系调查资料、区系地理学研究方法及生物数学方法，参照吴征镒、王荷生的植物地理分布类型系统，对各主要湿地植物类群的科、属、种进行统计分析，揭示片区内湿地植物区系地理成分、区系特征。

3.2.2.1 科的区系特征

科作为高级分类单位，在植物区系地理分析上具有一定意义。植物科的分布和对于气候的忍耐力是受基因控制的，因此具有比较稳定的分布区，并与一定的气候条件相适应。按照吴征镒种子植物科的分布区类型系统对酒泉片区湿地种子植物各科进行划分和统计，结果如表3-2、表3-3所示。其湿地种子植物基本可分为3大区系类型，世界分布型、热带分布型和温带分布型。

世界分布型有23科，占酒泉片区内湿地种子植物总科数的63.9%，占绝对优势。世界分布型的科属生态幅广，适应能力强，具有庞大种系。

酒泉片区内湿地中种类较多的世界分布科有藜科、毛茛科、十字花科、蔷薇科、豆科、菊科、禾本科、莎草科等。其中，以菊科和禾本科种类最多，分别有66种和50种，体现了本区草原湿地的地理特征。菊科长期在东亚分化、发展，东亚菊科区系古老。禾本科种类丰富，在本区为第2大科，在世界4个特大科中占第4位，为我国第2大科，在中国有240多属。毛茛科以温带为主，是草本方面体现东亚特色的大科。十字花科属世界性分布，在北温带区系中为主。莎草科是世界分布的大科之一，最大分化在潮湿至半潮湿的热带，但在温带至寒带地区，在沼泽草甸中占绝对优势，该科在区内湿地植被中占明显优势，是其沼泽湿地植被的优势类群，充分体现了本区高寒湿地的特色。

热带分布型共3科，占总科数的8.3%，所占比例较小，此科均分布于区内海拔较低、温度条件较好的湿地周围。

温带分布型共10科，占总科数的27.8%，反映出酒泉片区的自身气候条件为温带性质。主要有杨柳科、小檗科、罂粟科、柽柳科、杉叶藻科、灯心草科等。其中，灯心草科是草原湿地的典型代表种，体现草原湿地性质。罂粟科在系统发育上是被子植物中较原始科之一，在区系地理上是典型的温带分布科，较原始。柽柳科的大多数种类往往是高寒湿地的伴生种。

表3-2　酒泉片区湿地种子植物科的分布区类型

科名	科拉丁学名	分布区类型	科名	科拉丁学名	分布区类型
杨柳科	*Salicaceae*	8-4	杉叶藻科	*Hippuridaceae*	8
蓼科	*Polygonaceae*	1	伞形科	*Apiaceae*	1
藜科	*Chenopodiaceae*	1	报春花科	*Primulaceae*	1
石竹科	*Caryophyllaceae*	1	龙胆科	*Gentianaceae*	1
毛茛科	*Ranunculaceae*	1	紫草科	*Boraginaceae*	1
小檗科	*Berberidaceae*	8-5	玄参科	*Scrophulariaceae*	1
罂粟科	*Papaveraceae*	8-4	茜草科	*Rubiaceae*	1
十字花科	*Brassicaceae*	1	桔梗科	*Campanulaceae*	1
景天科	*Crassulaceae*	1	菊科	*Asteraceae*	1
虎耳草科	*Saxifragaceae*	1	香蒲科	*Typhaceae*	1
蔷薇科	*Rosaceae*	1	水麦冬科	*Juncaginaceae*	1
豆科	*Fabaceae*	1	眼子菜科	*Potamogetonaceae*	1

续表3-2

科名	科拉丁学名	分布区类型	科名	科拉丁学名	分布区类型
牻牛儿苗科	*Geraniaceae*	8-4	禾本科	*Poaceae*	1
白刺科	*Nitrariaceae*	12-3	莎草科	*Cyperaceae*	1
蒺藜科	*Zygophyllaceae*	2	灯心草科	*Juncaceae*	8-4
大戟科	*Euphorbiaceae*	2	百合科	*Liliaceae*	8
柽柳科	*Tamaricaceae*	10	鸢尾科	*Iridaceae*	5
胡颓子科	*Elaeagnaceae*	8-4	兰科	*Orchidaceae*	1

注：表中分布类型1为世界广布，2为泛热带分布，5为热带亚洲至热带大洋洲分布，8为北温带分布，8-4为北温带和南温带间断分布，8-5为欧亚和南美洲温带间断分布，10为旧世界温带分布，12-3为地中海区至温带—热带亚洲、大洋洲和北美南部至南美洲间断分布。

表3-3 酒泉片区湿地种子植物科的区系特征统计

分布区类型	科数	占本区总科数%	分布区类型	科数	占本区总科数%
1	23	63.9%	8-4	5	13.9%
2	2	5.6%	8-5	1	2.8%
5	1	2.8%	10	1	2.8%
8	2	5.6%	12-3	1	2.8%

注：表中分布类型1为世界广布，2为泛热带分布，5为热带亚洲至热带大洋洲分布，8为北温带分布，8-4为北温带和南温带间断分布，8-5为欧亚和南美洲温带间断分布，10为旧世界温带分布，12-3为地中海区至温带—热带亚洲、大洋洲和北美南部至南美洲间断分布。

3.2.2.2 属的区系特征

属是由种组成的，大多数属是真正的自然类群。在系统分类学上，同一属内的种常常具有同一起源和相似的进化趋势。因此，属比科更能具体反映植物进化和变异情况。属的分类特征也相对稳定，占有比较稳定的分布区；

同时，在进化的过程中，随着地理环境的变化而发生分异，有比较明显的地区性差异。属的分析比科更能具体地反映植物的演化扩散过程、区域分异及地理特征。因此，属的分析对于了解特定地区植物区系的组成及其属性显得尤为重要，而且能为次一级的区系分区提供更为准确的信息。按吴征镒属的分布区类型系统对本区各属进行统计。酒泉片区湿地种子植物属的分布类型可以划分成10个类型和13个变型。这说明本区地理成分比较复杂。

（1）世界分布

世界分布区类型包括几乎遍布各大洲而没有特殊分布中心的属，或者有一个或数个分布中心而包含世界广布的属。本区该类型有25属，占总属数的15.8%，这些属大多数在我国广泛分布。其中，苔草属（*Carex*）、灯心草属（*Juncus*）、荸荠属（*Eleocharis*）、香蒲属（*Typha*）、水麦冬属（*Triglochin*）、蓼属（*Polygonum*）均为构成湿地植被的主要类群。黄耆属（*Astragalus*）、毛茛属（*Ranunculus*）、早熟禾属（*Poa*）、独行菜属（*Lepidium*）、滨藜属（*Atriplex*）的部分偏湿生和高寒生境的种类也在酒泉片区湿地中广泛分布，是区内湿地植被的主要伴生种。

（2）泛热带分布

泛热带分布包括普遍分布于东、西两半球热带地区的属，或在全世界热带范围内有一个或数个分布中心，但在其他地区也有一些种类分布的热带属。这种类型常见于亚热带山地，甚至在温带也有分布。该类型本区共有4属，占其湿地植物总属数的2.5%，分别为大戟属（*Euphorbia*）、眼子菜属（*Potamogeton*）、棒头草属（*Polypogon*）、狼尾草属（*Pennisetum*），这些属在酒泉片区湿地中分布的种类多为亚洲温带分布，已无明显热带性质。

（3）热带亚洲（印度—马来西亚）分布

热带亚洲（印度—马来西亚）是旧世界热带的中心部分，这一类型分布区的北缘可达我国西南、华南，甚至更北的地区。本区该类型分布有1属1种——小苦荬属（*Ixeridium*）中华小苦荬（*Ixeridium chinense*）为东亚分布种，已无明显热带性质。

以上热带分布共5属，占区内湿地植物总属数的3.2%，无论是类型数量，还是占有比例，都表明本区与热带区系联系较弱。原因是本区远离热带和亚热带。少数的热带成分存在是因为酒泉片区内部分湿地分布海拔较低，水热条件相对较好，使得一些对环境适应性较强、生态幅较宽的植物种类存在，但本区不是这些属的分布中心，而是热带向温带的延伸，是这些热带性质属分布的北界，且这些属内种的分布区主要在温带。这进一步说明本区湿地植物区系热带性质微弱。

（4）北温带分布及其变型

北温带分布类型一般指广泛分布于欧洲、亚洲和北美洲温带地区的属，有些属沿山脉向西南延伸到热带地区，甚至远达南半球温带，但其原始类型和分布中心仍在北温带。酒泉片区共有该类型70属，占区内湿地植物总属数的44.3%，是本区湿地植物区系的主体，说明本区湿地植物区系温带性质显著。

其中，典型北温带分布50属，占其湿地植物总属数的31.6%，是本区最优势的分布类型。北温带分布中木本植物较少，仅有柳属（*Salix*）、忍冬属（*Lonicera*）、小檗属（*Berberis*）；而主要为草本属，这也体现了本区草原湿地的特征。其中，嵩草属（*kobresia*）、海乳草属（*Glaux*）、委陵菜属（*Potentilla*）、风毛菊属（*Saussurea*）、马先蒿属（*Pedicularis*）是高山草甸的主要组成部分。嵩草属为典型的北温带属，在我国集中分布于青藏高原，多为高寒植被的建群种和优势种，该属在本区分布广泛，优势地位明显。

北极—高山分布类型包含3个属——冰岛蓼属（*Koenigia*）、肉叶荠属（*Braya*）和红景天属（*Rhodiola*）。其中，红景天属在片区湿地中有大面积分布，主要分布在季节性河流湿地中；其余两个属在本区湿地中均只有1种，主要为区内沼泽湿地和季节性河流湿地的伴生种。

北温带和南温带间断分布有15属，占本区湿地植物总属数的9.5%。代表属有碱茅属（*Puccinellia*）、臭草属（*Melica*）、蝇子草属（*Silene*）、喉毛花属（*Comastoma*）、假龙胆属（*Gentianella*）、鹤虱属（*Lappula*）、婆婆纳属（*Veronica*）等。它们多是湿地伴生种，广泛分布于酒泉片区湿地中，在湿地植被建成中起到补充作用。

欧亚和南美温带间断分布有2属，其中赖草属（*Leymus*）含5种，火绒草属（*Leontopodium*）含5种。

（5）东亚和北美洲间断分布

东亚和北美间断分布是指间断分布于东亚和北美洲温带及亚洲热带地区

的属，其中有些属虽然在亚洲和北美洲分布到热带，个别属甚至出现在非洲南部、澳大利亚或中亚，但它们的近代分布中心仍在东亚或北美洲。本区该类型仅有野决明属（*Thermopsis*）披针叶野决明（*Thermopsis lanceolata*）1属1种。

（6）旧世界温带分布及其变型

旧世界分布类型是指广泛分布于欧洲、亚洲中高纬度的温带和寒温带，或有个别延伸到亚洲、非洲热带山地，甚至澳大利亚的属。这类分布实际上以地中海、中亚为核心分布区。共有15属，占本区湿地种子植物总属数的9.5%。其中，旧世界温带分布有12属，是本分布型的主体。其中，扁穗草属（*Blysmus*）主要分布在东亚地区，该属种类是片区内沼泽湿地植被中常见的建群种。芨芨草属（*Achnatherum*）全世界有23种1变种，我国有17种，主要分布在北半球温带，大多在蒙古国和我国新疆荒漠草原、西藏及邻近地区的高寒草甸中发挥优势作用，该属在酒泉片区内广泛分布，湿地中主要伴生在河流湿地周围。沼委陵菜属（*comarum*）主要分布于北半球温带，我国有2种，酒泉片区湿地中分布1种——西北沼委陵菜（*Comarum salesovianum*），通常在河流湿地周围形成大面积灌丛。水柏枝属（*Myricaria*）为欧亚广布，龙其在雪线下高山寒漠带建群分布，多数种为河岸或湿地植被的建群种，在本区河流湿地及河漫滩中为常见属。其余属均为湿地伴生类群。

地中海区、西亚（或中亚）和东亚间断分布有1属，为鸦葱属（*Scorzonera*）。地中海区和喜马拉雅间断分布有莴苣属（*Lactuca*）乳苣（*Lactuca tataricum*）1属1种。欧亚和南部非洲（有时也在大洋洲）间断分布有蛇床属（*Cnidium*）碱蛇床（*Cnidium salinum*）1属1种。这些类群均伴生于湿地中。

（7）温带亚洲分布

温带亚洲分布是指主要局限于亚洲温带地区分布的属。其分布范围一般包括俄罗斯南部至西伯利亚和亚洲东北部；南部界限至喜马拉雅山区，我国西南、华南至东北，朝鲜和日本东北部，也有一些属种分布于亚热带，个别属种分布于亚洲热带，甚至到达新几内亚。本区共有5属，分别为大黄属（*Rheum*）、轴藜属（*Axyris*）、地蔷薇属（*Chamaerhodos*）、千里光属（*Senecio*）和细柄茅属（*Ptilagrostis*），占本区湿地种子植物总属数的3.2%。其中，细柄茅属和亚菊属（*Ajania*）是来自于北温带的菊蒿属（*Tanacetum*）和针茅属

（Stipa）的衍生成分。这表明本区植物区系具有年轻性，而且还表明本区存在着以适应高寒生态因子影响为主而形成的高山特化类群。大黄属以温带和亚热带亚洲为中心，其演化趋势是向荒漠和高山草甸环境适应。此分布类型的属均为湿地植被的伴生类群。

（8）地中海区、西亚至中亚分布及变型

这一分布区类型是指分布于现代地中海周围，经过西亚或西南亚至俄罗斯中亚部分，以及我国新疆、青藏高原及蒙古草原一带，共有18属，占本区湿地种子植物总属数的11.4%。其中地中海区、西亚至中亚分布有15属，占本区湿地种子植物总属数的9.5%，在本区湿地植物区系与地中海植物区系的联系中贡献最大。白刺属（Nitraria）是第三纪孑遗植物，全世界共11种，我国有5种，在本区均有分布，并且是较为进化的类型，说明本区处于白刺属的现代分布中心。盐爪爪属（Kalidium）4种，在本区广泛分布，在部分区域作为建群种存在，盐爪爪属为古地中海第三纪残遗成分，说明酒泉片区内湿地植物区系与古地中海成分有一定联系。白刺属和盐爪爪属均为旱生植物，但在本区湿地中主要伴生于河流湿地周围。

该分布类型的变型有地中海区，至中亚和墨西哥至美国南部间断分布；地中海区至温带—热带亚洲、大洋洲和南美洲间断分布；地中海区至北非洲、中亚、北美洲西南部、非洲南部、智利和大洋洲间断分布，各1属。

（9）中亚分布及其变型

本分布类型是指亚洲内陆整个干旱中心地区，包括俄罗斯中亚部分，我国青藏高原至内蒙古西部和蒙古国南部，即古地中海的大部分。共有11属，占本区湿地种子植物总属数的7.0%。其中，中亚分布8属，是本分布型的主体。花旗杆属（Dontostemon）全世界共11种，我国均有分布，本区有4种，是十字花科中较进化的属。这说明本区处于十字花科次生分布中心。紫菀木属（Asterothamnus）的中亚紫菀木（Asterothamnus centrali-asiaticus）在本区分布广泛，是重要的伴生种。双脊荠属（Dilophia）的无苞双脊荠（Dilophia ebracteata）是典型的高山成分，在雨后泥石滩大面积分布。

该分布类型的变型在中亚东部（亚洲中部）分布有2属，中亚至喜马拉雅—阿尔泰和太平洋北美洲间断分布有1属。

（10）东亚分布及其变型

东亚分布是指从东喜马拉雅一直分布到日本的一些属。其分布区一般不超过俄罗斯境内的阿穆尔州，并从日本北部至萨哈林，向西南不超过越南北部和喜马拉雅东部，向南最远达菲律宾、苏门答腊和爪哇，向西北一般以我国各类森林边界为界。该类型本区共有6属。中国—喜马拉雅分布有5属，是本分布型的主体。垂头菊属（*Cremanthodium*）、肉果草属（*Lancea*）、微孔草属（*Microula*）、膨果豆属（*Phyllolobium*）、单花荠属（*Pegaeophyton*）多分布于本区高山寒漠带和高山荒漠带。车前状垂头菊（*Cremanthodium ellisii*）、盘花垂头菊（*Cremanthodium discoideum*）、矮垂头菊（*Cremanthodium humile*）、肉果草（*Lancea tibetica*）等基本上属于青藏高原特有喜湿、耐寒的多年生草本成分，体现了本区植物区系与青藏高原植物区系的联系。本区有小花西藏微孔草（*Microula tibetica* var. *pratensis*），无其正种存在。本区植物区系处于青藏高原植物区系的边缘，这说明本区自然环境与青藏高原自然环境有所区别。中国—日本分布有假还阳参属（*Crepidiastrum*）细裂假还阳参（*Crepidiastrum diversifolium*）1属1种，为酒泉片区内湿地偶见种。这种分布类型在东亚分布及其变型中所占比例较小，且种的分布亦不占优势，说明本区与中国—日本植物区系有微弱的联系，原因是祁连山地在本区系与中国日本植物区系间的交流中起到了廊道沟通作用；但祁连山地的地质历史较为年轻，因此，与中国—日本植物区系交流尚且不多。

以上温带成分的分布类型共6个类型13个变型，包含126属，占本区湿地种子植物总属数的79.7%，可见片区内湿地植物区系具有明显的温带性质。

（11）中国特有分布

中国特有分布是指分布范围主要限于中国境内的类型，以云南或西南各省为分布中心，向东北、向东、向西北方向辐射并逐渐减少，主要分布于秦岭—山东以南的亚热带和热带地区，个别可突破国界分布到邻近各国，如缅甸、越南北部等。片区内湿地中，共有2个中国特有属，分别是羽叶点地梅属（*Pomatosace*）和颈果草属（*Metaeritrichium*），其种分别为羽叶点地梅（*Pomatosace filicula*）和颈果草（*Metaeritrichium microuloides*）。其中，羽叶点地梅属主要伴生于永久性河流湿地，颈果草属主要分布于河漫滩。

3.2.3　酒泉片区湿地植物区系特征

根据所采植物标本及有关资料初步统计，酒泉片区共有高等植物42科154属278种（包括3个亚种和11个变种），见表3-4，其中苔藓植物6科7属8种；蕨类植物1科1属1种；裸子植物1科1属3种；栽培植物1科4属7种；而被子植物33科141属259种（包括3个亚种和11个变种），占本区高等植物总种数的93.17%，而占绝对优势。

表3-4　酒泉片区高等植物科属种数量统计表

植物类群		科	属	种	亚种	变种
苔藓植物		6	7	8	—	—
蕨类植物		1	1	1	—	—
种子植物	裸子植物	1	1	3	—	—
	被子植物 单子叶植物	5	33	64	1	1
	被子植物 双子叶植物	28	108	181	2	10
栽培植物		1	4	7	—	—
高等植物		42	154	264	3	11

3.2.3.1　科的组成特征

酒泉片区内种子植物（包括被子植物和裸子植物）共有34科142属262种。科的大小排列中，含40种以上的2科，即禾本科（25属48种）和菊科（22属46种）；含10～30种的6科，即藜科（12属23种）、十字花科（13属19种）、豆科（7属17种）、毛茛科（8属14种）、蔷薇科（4属14种）、莎草科（4属10种）。这8个科所含种数为191种，占本区种子植物总种数的72.9%。说明优势科虽然数量较少，但所含种数却占绝对优势，在种子植物区系组成中起主要作用。这些科多是世界性大科，而且以北温带分布型为主。含9～3种有10科，含2种的有8科，含1种的有8科（单型科）。这说明单型科和少种科在科的组成中所占比重较大，共计26科，占总科数的76.5%；但其种的数量却只有71种，占种子植物总种数的27.1%

表3-5 酒泉片区种子植物科的大小排序表

种数排列	科名	属数	种数(含亚种和变种)	占总种数(%)
含40种以上 （2科）	禾本科	25	48	18.3
	菊科	22	46	17.6
含10～30种 （6科）	藜科	12	23	8.8
	十字花科	13	19	7.3
	豆科	7	17	6.5
	毛茛科	8	14	5.3
	蔷薇科	4	14	5.3
	莎草科	4	10	3.8
含9～3种 （10科）	蓼科	4	8	3.1
	蒺藜科	4	6	2.3
	玄参科	3	5	1.9
	柽柳科	3	5	1.9
	石竹科	3	5	1.9
	罂粟科	2	5	1.9
	百合科	2	4	1.5
	报春花科	3	3	1.1
	紫草科	3	3	1.1
	麻黄科	1	3	1.1
含2种 （8科）	杨柳科	2	2	0.76
	景天科	2	2	0.76
	虎耳草科	2	2	0.76
	堇菜科	1	2	0.76
	胡颓子科	1	2	0.76
	龙胆科	1	2	0.76

续表3-5

种数排列	科名	属数	种数（含亚种和变种）	占总种数（%）
含2种 （8科）	眼子菜科	1	2	0.76
	水麦冬科	1	2	0.76
含1种 （8科）	大戟科	1	1	0.38
	杉叶藻科	1	1	0.38
	锁阳科	1	1	0.38
	伞形科	1	1	0.38
	白花丹科	1	1	0.38
	唇形科	1	1	0.38
	茄科	1	1	0.38
	列当科	1	1	0.38
合计：34科142属262种				

3.2.3.2 属的组成特征

酒泉片区内种子植物主要属（含3种以上）共有26个，其中含10种以上的优势属只有委陵菜属，共11种，占本区种子植物总种数的4.2%，含种数6～9种的多种属计有6个属（凤毛菊属、早熟禾属、蒿属、黄芪属、棘豆科、针茅属），共44种，占本区种子植物总种数的16.8%，含种数3～4种的少种属计有19属，共有63种，占本区种子植物总种数的24%。综上所述，本区主要属26个，共计含种数118个，占种子植物总种数45%。这26个属在酒泉片区内种子植物区系属的组成中起重要作用。26个属中，属北温带分布型14个，属世界分布型6个，属全温带分布型2个，属地中海、西亚至中亚分布型2个，属旧世界温带分布型1个，属泛热带分布型1个。以上成分中，除去6个世界分布型和1个泛热带分布型，剩余的19个分布型基本上都属于温带分布。这说明本地区属的分布型以温带分布型，尤其是以北温带分布型为主，其他分布型占很小比例。

表3-6 酒泉片区种子植物主要属排序及分布型

序号	属名	种数	占总种数%	分布型
1	委陵菜属	11	4.2	北温带
2	凤毛菊属	10	3.8	北温带
3	早熟禾属	9	3.4	世界分布
4	蒿属	7	2.7	北温带
5	黄芪属	6	2.3	世界分布
6	棘豆属	6	2.3	北温带
7	针茅属	6	2.3	北温带
8	蓼属	4	1.5	世界分布
9	猪毛菜属	4	1.5	世界分布
10	紫堇属	4	1.5	北温带
11	蒲公英属	4	1.5	北温带
12	苔草属	4	1.5	世界分布
13	嵩草属	4	1.5	北温带
14	麻黄属	3	1.1	泛热带
15	盐爪爪属	3	1.1	地中海、西亚至中亚
16	地肤属	3	1.1	全温带
17	雪灵芝属	3	1.1	全温带
18	翠雀属	3	1.1	北温带
19	毛茛属	3	1.1	世界分布
20	葶苈属	3	1.1	北温带
21	白刺属	3	1.1	地中海、西亚至中亚
22	马先蒿属	3	1.1	北温带
23	紫菀属	3	1.1	北温带
24	披碱草属	3	1.1	北温带

续表3-6

序号	属名	种数	占总种数%	分布型
25	鹅观草属	3	1.1	旧世界温带
26	葱属	3	1.1	北温带
合计：118种，占总种数的45%				

3.2.3.3 植被群落中建群种分析

根据《甘肃植被》（黄大燊等，1997）中关于甘肃植被的区划系统，酒泉片区属于祁连山山地植被区域的西祁连山—东阿尔金山山地草原、荒漠植被区、西祁连山—东阿尔金山山地荒漠植被小区。由于气候干旱，在海拔2 100 m的山麓，年降水量仅为50 mm左右。本地植被亦以超旱生和旱生植物为主；但又因为山地海拔高，气温很低，这些旱生型植物中，又以耐寒性多年生草本植物为主，木本植物较少；基本没有乔木树种（仅有胡杨为荒漠小乔木），主要是旱生和超旱生的灌木、半灌木和小半灌木，如膜果麻黄、泡泡刺、裸果木、红砂、珍珠猪毛菜、猫头刺、星毛短舌菊、蒿叶猪毛菜、合头草、中亚紫菀木、灌木亚菊和尖叶盐爪爪等，它们常组成山地荒漠植被的建群种。垫状骆绒藜常与垫状蚤缀（甘肃雪灵芝）和水母雪莲等植物组成高寒荒漠垫状植被。

草本植物中，短花针茅，沙生针茅和戈壁针茅常组成山地荒漠草原的建群种；紫花针茅、异花针茅、藏异燕麦和垂穗披碱草常组成高寒草原和高寒草甸草原的建群种；莎草科的黑褐苔草、丛生苔草、矮蒿草等常组成沼泽化草甸和高寒草甸的建群种。

3.2.4 湿地种子植物区系特点

一是草本植物发达。湿地植物区系主要由草本植物组成，乔木、灌木较少。由于缺乏森林沼泽型等类型湿地，草本植物占绝对优势地位。草本植物多生长在河滩湿地和沼泽环境中，以湿生和中生草本为主。

二是优势科明显，属的分化显著。湿地中以菊科和禾本科两个科为优势科，共计48属116种，分别占湿地植物总属数和总种数的30.2%和31.5%，优势明显。单种属和少种属共149属，占总属数的93.7%，单种属和少种属占绝对优势说明本区属的分化明显。

三是温带成分占优势地位。湿地种子植物区系温带性质显著,其中又以北温带性质为主体,全温带分布和旧世界温带分布为其重要补充。这体现了本区以温带气候为主。此外,世界分布类型在本区湿地中也占有一定比例,并且该类型的部分类群是构成湿地植被的建种群。热带性质所占比例较小,表明本区热带性质微弱。

四是特有成分少。湿地植物区系中,中国特有成分匮乏。这说明本区植物区系生境独特、区系年轻;同时,这也说明本区湿地植物区系的个性特征不明显。另外,本区湿地植物区系与大洲的间断分布比例较少,表明酒泉片区内湿地植物区系与各大洲交流较少,这与本区地处亚欧大陆腹地有关。

3.3 湿地植被类型及特点

3.3.1 湿地植被类型划分

基于样地调查和路线探查所收集的数据和图片资料,参照《中国湿地植被》中制定的中国湿地植被分类系统和各植物分类等级的划分标准,将酒泉片区湿地植物群落归纳为3个植被类型组、7个植被类型、33个植物群系、37个群丛。

3.3.1.1 灌丛湿地植被型组

包括落叶阔叶灌丛湿地植被型和盐地灌丛湿地植被型2种。

(1)落叶阔叶灌丛湿地植被型

1)肋果沙棘群系(Form. *Hippophae neurocarpa*)

包括肋果沙棘群丛(Ass. *Hippophae neurocarpa*)、肋果沙棘+西北沼委陵菜群丛(Ass. *Hippophae neurocarpa+Comarum salesovianum*)2个类型。

2)西北沼委陵菜群系(Form. *Comarum salesovianum*)

包括西北沼委陵菜群丛(Ass. *Comarum salesovianum*)、西北沼委陵菜+小叶金露梅群丛(Ass. *Comarum salesovianumt + Potentilla parvifolia*)2个类型。

3)宽苞水柏枝群系(Form. *Myricaria bracteata*)

仅有宽苞水柏枝群丛(Ass. *Myricaria bracteata*)1个类型。

4)匍匐水柏枝群系(Form. *Myricaria protrata*)

包括匍匐水柏枝群丛(Ass. *Myricaria protrata*)、匍匐水柏枝—圆丛红景天群丛(Ass. *Myricaria prostrata + Rhodiola coccinea*)2个类型

（2）盐地灌丛湿地植被型

盐地灌丛湿地植被型仅有尖叶盐爪爪群系（Form. *Kalidium cuspidatum*）1种，其群系也仅有尖叶盐爪爪—芨芨草群丛（Ass. *Kalidium cuspidatum—Achnatherum splendens*）1种。

3.3.1.2 草丛湿地植被型组

（1）莎草型湿地植被型

1）黑褐穗苔草群系（Form. *Carex atrofusca* subsp. *minor*）

包括黑褐穗苔草群丛（Ass. *Carex atrofusca* subsp.*minor*）、黑褐穗苔草+水麦冬群丛（Ass. *Carex atrofusca* subsp *minor+Triglochin palustre*）2个类型

2）圆囊苔草群系（Form. *Carex orbicularis*）

仅有圆囊苔草群丛（Ass. *Carex orbicularis*）1个类型。

3）尖苞苔草群系（Form. *Carex microglochin*）

仅有尖苞苔草群丛（Ass. *Carex microglochin*）1个类型。

4）细叶苔草群系（Form. *Carex duriuscula* subsp. *stenophylloides*）

仅有细叶苔草群丛（Ass. *Carex duriuscula* subsp. *Stenophylloides*）1个类型。

5）华扁穗草群系（Form. *Blysmus sinocompressus*）

仅有华扁穗草群丛（Ass. *Blysmus sinocompressus*）1个类型。

6）沼泽荸荠群系（Form. *Eleocharis palustris*）

仅有沼泽荸荠群丛（Ass. *Eleocharis palustris*）1个类型。

7）少花荸荠群系（Form. *Eleocharis quinqueflora*）

仅有少花荸荠群丛（Ass. *Eleocharis quinoueflora*）1个类型。

8）西藏嵩草群系（Form. *Kobresia tibetica*）

仅有西藏嵩草群丛（Ass. *Kobresia tibetica*）1个类型。

（2）禾草型湿地植被型

1）芦苇群系（Form. *Phragmites australis*）

仅有芦苇群丛（Ass. *Phragmites australis*）1个类型。

2）紫大麦草群系（Form. *Hordeum roshevitzii*）

仅有紫大麦草群丛（Ass. *Hordeum roshevitzii*）1个类型。

3）短花针茅群系（Form. *Stipa breviflora*）

仅有短花针茅群丛（Ass. *Stipa breviflora*）1个类型。

4）紫花针茅群系（Form. *Stipa purpurea*）

仅有紫花针茅群丛（Ass. *Stipa purpurea*）1个类型。

5）青藏野青茅群系（Form. *Deyeuxia holciformis*）

仅有青藏野青茅群丛（Ass. *Deyeuxia holciformis*）1个类型。

6）疏穗碱茅群系（Form. *Puccinellia roborovskyi*）

仅有疏穗碱茅群丛（Ass. *Puccinellia roborovskyi*）1个类型。

7）西藏早熟禾群系（Form .*Poa tibetica*）

仅有西藏早熟禾群丛（Ass. *Poa tibetica*）1个类型。

8）芨芨草群系（Form. *Achnatherum splendens*）

仅有芨芨草群丛（Ass. *Achnatherum splendens*）1个类型。

9）窄颖赖草群系（Form. *Leymus angustus*）

仅有窄颖赖草群丛（Ass. *Leymus angustus*）1个类型。

10）宽穗赖草群系（Form. *Leymus ovatus*）

仅有宽穗赖草群丛（Ass. *Leymus ovatus*）1个类型。

（3）杂类草湿地植被型

1）西伯利亚蓼群系（Form. *Polgsonum sibiricum*）

仅有西伯利亚蓼群丛（Ass. *Polygonum sibiricum*）1个类型。

2）盐泽双脊荠群系（Form. *Dilophia salsa*）

仅有盐泽双脊荠群丛（Ass. *Dilophia salsa*）1个类型。

3）唐古红景天群系（Form. *Rhodiola tangutica*）

仅有唐古红景天群丛（Ass. *Rhodiola tangutica*）1个类型。

4）杉叶藻群系（Form. *Hippuris vulgaris*）

仅有杉叶藻群丛（Ass. *Hippuris vulgaris*）1个类型。

5）小香蒲群系（Form. *Typha minima*）

仅有小香蒲群丛（Ass. *Typha minima*）1个类型。

6）水麦冬群系（Form. *Triglochin palustre*）

仅有水麦冬群丛（Ass. *Triglochin palustre*）1个类型。

3.3.1.3　浅水植物湿地植被型组

（1）浮叶植物植被型

1）浮毛茛群系（Form. *Ranunculus natans*）

仅有浮毛茛群丛（Ass. *Ranunculus natans*）1个类型。

（2）沉水植物植被型

1）小眼子菜群系（Form. *Potamogeton pusillus*）

仅有小眼子菜群丛（Ass. *Potamogeton pusillus*）1个类型。

2）篦齿眼子菜群系（Form. *Stuckenia pectinata*）

仅有篦齿眼子菜群丛（Ass. *Stuckenia pectinata*）1个类型。

3）穿叶眼子菜群系（Form. *Potamogeton perfoliatus*）

仅有穿叶眼子菜群丛（Ass. *Potamogeton perfoliatus*）1个类型。

3.3.2 湿地植物群系描述

3.3.2.1 灌丛湿地植被型组

该植被型组中包含落叶阔叶灌丛湿地植被型和盐地灌丛湿地植被型两类，其中，落叶阔叶灌丛湿地植被型包含4个群系，分别为肋果沙棘群系、西北沼委陵菜群系、宽苞水柏枝群系和匍匐水柏枝群系；盐地灌丛湿地植被型仅包含1个群系——尖叶盐爪爪群系。这些群系均为酒泉片区内河流湿地的主要伴生植被。

（1）肋果沙棘群系（Form. *Hippophae neurocarpa*）

该群系主要分布于党河南山的乌里沟、黑刺沟和狼岔沟的河谷、河漫滩上，分布海拔为3 400～4 300 m，为季节性河流湿地伴生群落。群落高度为30～60 cm，群落盖度为10%。在灌木层伴生有青山生柳（*Salix oritrepha* Sohneid. var. *amnematchinensis*）和西北沼委陵菜（*Comarum salesovianum*），草本层主要伴生种为芨芨草（*Achnatherum splendens*）、赖草（*Leymus secalinus*）、黄花补血草（*Limonium aureum*）、合萼肋柱花（*Lomatogonium gamosepalum*）、二裂委陵菜（*Potentilla bifurca*）等。

（2）西北沼委陵菜群系（Form. *Comarum salesovianum*）

西北沼委陵菜在本区分布较广，但以西北沼委陵菜为建群种的湿地植物群落主要分布在平草湖、乌兰达坂、乌里沟、黑刺沟、洞子沟等的沟谷河床和河岸边，分布海拔为3 600～4 000 m，为季节性河流湿地伴生植被。群落高度为30～100 cm，群落盖度为30%～60%。灌木层伴生种有肋果沙棘、小叶金露梅、青山生柳（*Salix oritrepha* Schneid. var. *amnematchinensis*），草本层主要伴生种有香叶蒿（*Artemisia rutifolia*）、白花枝子花（*Dracocephalum het-*

erophyllum)、白草（*Pennisetum flaccidum*）、二裂委陵菜（*Potentilla bifurca*）、黄花补血草（*Limonium aureum*）、铃铃香青（*Anaphalis hancockii*）、纤杆蒿（*Artemisia demissa*）等。

（3）宽苞水柏枝群系（Form. *Myricaria bracteata*）

宽苞水柏枝群系主要分布在党河南山、鱼儿红、獭儿沟、石洞沟、石包城和硫磺矿等地的季节性河流湿地的河床、砂砾质河滩及山前冲积扇。分布海拔为 2 160～3 300 m，为河流湿地伴生植被，群落高度为 50～200 cm，群落盖度为 5%～20%。灌木层伴生种有青山生柳（*Salix oritrepha* Schneid. var. *amnematchinensis*），草本层伴生种有二裂委陵菜（*Potentilla bifurca*）、甘青铁线莲（*Clematis tangutica*）、蒲公英（*Taraxacum mongolicum*）、白草（*Pennisetum flaccidum*）、芦苇（*Phragmites australis*）、黄花棘豆（*Oxytropis ochrocephala*）等。

（4）匍匐水柏枝群系（Form. *Myricaria prostrata*）

匍匐水柏枝群系主要分布在牙马图、龚岔达坂、尧勒特、音德尔特、尧勒特、野马河等地的季节性河流湿地和奎腾河等永久性河流湿地、边沙地及冰川雪线下雪水融化后所形成的浅水湿地。分布海拔为 4 000～5 200 m，为永久性河流湿地和季节性河流湿地伴生植被，群落高度为 5～14 cm，群落盖度为 45%～70%。主要伴生种有圆丛红景天（*Rhodiola coccinea*）、岐穗大黄（*Rheum przewalskyi*）、垫状点地梅（*Androsace tapete*）、钻叶风毛菊（*Saussurea subulata*）、黄白火绒草（*Leontopodium ochroleucum*）、车前状垂头菊（*Cremanthodiumellisii*）、堇色早熟禾（*Poa araratica* subsp. *ianthina*）等。

（5）尖叶爪爪群系（Form. *Kalidium cuspidatum*）

尖叶盐爪爪群系主要分布在盐池湾和石包城的盐碱滩地。分布海拔为 2 200～3 400 m，为河流湿地伴生植被，群落高度为 5～42 cm，群落盖度为 10%～15%。主要伴生种有松叶猪毛菜（*Salsola laricifolia*）、白刺（*Nitraria tangutorum*）、合头草（*Sympegma regelii*）、芨芨草（*Achnatherum splendens*）等。

3.3.2.2 草丛湿地植被型组

草丛湿地植被是本区主要的湿地植被类型。由于酒泉片区地处高寒荒漠，草本植物占绝对优势。根据构成植被的优势种的不同，该植被型组又分为莎草型湿地植被型、禾草型湿地植被型和杂类草型湿地植被型 3 大类植被型。

（1）莎草型湿地植被型

该植被型包括由莎草科植物为建群种的各种植物群系，共划分出8个群系。

1）黑褐穗苔草群系（Form. *Carex atrofusca* subsp. *minor*）

黑褐穗苔草群系主要分布在盐池湾、尧勒特、硫磺矿和鱼儿红等地的沼泽湿地，以及大水河和奎腾河河流湿地周围，分布海拔为2 200～4 600 m，为沼泽湿地和河流湿地伴生植被。群落高度为10～35 cm，群落盖度为10%～30%。主要伴生种有匍匐水柏枝（*Myricaria prostrata*）、水麦冬（*Triglochin palustre*）、垂穗披碱草（*Elymus nutans*）、蒲公英（*Taraxacum mongolicum*）、隐瓣蝇子草（*Silene gonosperma*）、唐古特红景天（*Rhodiola tangutica*）、黄白火绒草（*Leontopodium ochroleucum*）、海东棱子芹（*Pleurospermum hookeri* var. *haidongense*）等。

2）圆囊苔草群系（Form. *Carex orbicularis*）

圆囊苔草群系主要分布于大道尔基、党河南山和大井泉的沼泽湿地，分布海拔为2 800～4 600 m，为沼泽湿地伴生植被。群落高度为10～25 cm，群落盖度为35%～85%。主要伴生种有碱蛇床（*Cnidium salinum*）、水麦冬（*Triglochin palustre*）、海乳草（*Glaux maritima*）、海韭菜（*Triglochin maritimum*）、西藏早熟禾（*Poa tibetica*）、西藏嵩（*Kobresia tibetica*）、天山报春（*Primula nutans*）、辐状肋柱花（*Lomatogonium rotatum*）、长果婆婆纳（*Veronica ciliata*）、疗齿草（*Odontites serotina*）、大车前（*Plantago major*）、蒲公英（*Taraxacum mongolicum*）、宽穗赖草（*Leymus ovatus*）、细叶苔草（*Carex duriuscula* subsp. *stenophylloides*）等。

3）尖苞苔草群系（Form. *Carex microglochin*）

尖苞苔草群系主要分布于盐池湾的沼泽湿地中，分布海拔为3 100～3 400 m，为沼泽湿地伴生植被。群落高度为5～20 cm，群落盖度为35%～80%。主要伴生种有水麦冬（*Triglochin palustre*）、海乳草（*Glaux maritima*）、海韭菜（*Triglochin maritimum*）、蒲公英（*Taraxacum mongolicum*）、二裂委陵菜（*Potentilla bifurca*）、微药碱茅（*Puccinellia micrandra*）、西藏早熟禾（*Poa tibetica*）等。

4）细叶苔草群系（Form. *Carex duriuscula* subsp. *stenophylloides*）

细叶苔草群系主要分布于乌兰布尔勒和大井泉沼泽湿地中，分布海拔为 2 800～3 300 m，为沼泽湿地伴生植被。群落高度为 5～20 cm，群落盖度为 35%～75%。主要伴生种有水麦冬（*Triglochin palustre*）、海乳草（*Glaux maritima*）、海韭菜（*Triglochin maritimum*）、萹蓄（*Polygonum aviculare*）、蒲公英（*Taraxacum mongolicum*）、二裂委陵菜（*Potentilla bifurca*）、三裂碱毛茛（*Halerpestes tricuspis*）、圆囊苔草（*Carex orbicularis*）、疗齿草（*Odontites serotina*）、辐状肋柱花（*Lomatogonium rotatum*）、长果婆婆纳（*Veronica ciliata*）等。

5）华扁穗草群系（Form. *Blysmus sinocompressus*）

华扁穗草群系主要分布于大道尔基、小德尔基、大井泉、狗了子沟和榆林河水脑的沼泽湿地中，分布海拔为 2 200～4 000 m，为沼泽湿地伴生植被。群落高度为 5～22 cm，群落盖度为 45%～85%。主要伴生种有水麦冬（*Triglochin palustre*）、海乳草（*Glaux maritima*）、海韭菜（*Triglochin maritimum*）、西伯利亚蓼（*Polygonum sibiricum*）、蒲公英（*Taraxacum mongolicum*）、蕨麻（*Potentilla anserina*）、圆囊苔草（*Carex orbicularis*）、内蒙古扁穗草（*Blysmus rufus*）、西藏早熟禾（*Poa tibetica*）、窄颖赖草（*Leymus angustus*）、天山报春（*Primula nutans*）等。

6）沼泽荸荠群系（Form. *Eleocharis palustris*）

沼泽荸荠群系主要分布于大道尔基、小德尔基、蓝泉湖和榆林河水脑沼泽湿地和湖泊湿地中，分布海拔为 2 200～2 800 m，为沼泽湿地和湖泊湿地伴生植被。群落高度为 15～35 cm，群落盖度为 25%～55%。沼泽荸荠主要生长于沼泽湿地中的低洼积水中，伴生种较少，主要伴生种有小眼子菜（*Potamogeton pusillus*）、杉叶藻（*Hippuris vulgaris*）、水麦冬（*Triglochin palustre*）、海乳草（*Glaux maritima*）、海韭菜（*Triglochin maritimum*）等。

7）少花荸荠群系（Form. *Eleocharis quinqueflora*）

少花荸荠群系主要分布于乌兰达坂沟和大井泉的沼泽湿地，分布海拔为 2 200～3 600 m，为沼泽湿地伴生植被。群落高度为 5～30 cm，群落盖度为 45%～75%。主要伴生种有细叶苔草（*Carex duriuscula* subsp. *Stenophylloides*）、水麦冬（*Triglochin palustre*）、海乳草（*Glaux maritima*）、海韭菜（*Triglochin maritimum*）、蒲公英（*Taraxacum mongolicum*）、疗齿草（*Odontites serotina*）等。

8）西藏嵩草群系（Form. *Kobresia tibetica*）

西藏嵩草群系主要分布于野马河季节性河流湿地，大水河、奎腾河的河滩地，獭儿沟、温都子河坎、美丽布拉格、石墙子、乌力沟、乌兰达坂和盐池湾沼泽湿地，以及黄沙崖湖湖泊湿地周围，分布海拔为 3 000～4 600 m，为河流湿地、沼泽湿地和湖泊湿地伴生植被，广布于本区湿地。群落高度为 5～35 cm，群落盖度为 10%～95%。主要伴生种有毛穗赖草（*Leymus paboanus*）、垂穗披碱草（*Elymus nutens*）、水麦冬（*Triglochin palustre*）、海乳草（*Glaux maritima*）、海韭菜（*Triglochin maritimum*）、蒲公英（*Taraxacum mongolicum*）、西伯利亚蓼（*Polgsonum sibiricum*）、唐古特红景天（*Rhodiola tangutica*）、黄白火绒草（*Leontopodium ochroleucum*）、西藏早熟禾（*Poa tibetica*）等。

（2）禾草型湿地植被型

该植被型包括由禾本科植物为建群种的各种植物群系，共划分出 10 个群系。

1）芦苇群系（Form. *Phragmites australis*）

芦苇群系主要分布于大道尔基和榆林河水脑沼泽湿地以及与之伴生的湖泊湿地，分布海拔为 2 200～2 300 m，为沼泽湿地和湖泊湿地伴生植被。群落高度为 100～200 cm，群落盖度为 55%～90%。主要伴生种有小香蒲（*Typha minima*）、扁茎灯心草（*Juncus compressus*）、北水苦荬（*Veronica anagallis-aquatica*）、乳苣（*Mulgedium tataricum*）等。

2）紫大麦草群系（Form. *Hordeum roshevitzii*）

紫大麦草群系主要分布于大道尔基、小德尔基、蓝泉湖沼泽湿地，分布海拔为 2 300～3 200 m，为沼泽湿地伴生植被。群落高度为 30～70 cm，群落盖度为 45%～80%。主要伴生种有华扁穗草（*Blysmus sinocompressus*）、水麦冬（*Triglochin palustre*）、海乳草（*Glaux maritima*）、海韭菜（*Triglochin maritimum*）、蒲公英（*Taraxacum mongolicum*）、蕨麻（*Potentilla anserina*）、内蒙古扁穗草（*Blysmus rufus*）等。

3）短花针茅群系（Form. *Stipa breviflora*）

短花针茅群系主要分布于大水河河流湿地周围，分布海拔为 3 200～4 700 m，为河流湿地伴生植被。群落高度为20～60 cm，群落盖度为35%～75%。主要伴生种有西藏早熟禾（*Poa tibetica*）、唐古特红景天（*Rhodiola tangutica*）、黄白火线草（*Leontopodium ochroleucum*）、无梗风毛菊（*Saussurea apus*）等。

4）紫花针茅群系（Form. *Stipa purpurea*）

紫花针茅群系主要分布于美丽布拉格和野马河季节性河流湿地周围，分布海拔为2 200～1 800 m，为河流湿地伴生植被。群落高度为20～45 cm，群落盖度为15%～55%。主要伴生种有西藏早熟禾（*Poa tibetica*）、无梗风毛菊（*Saussurea apus*）、茵垫黄耆（*Astragalus arnoldii*）等。

5）青藏野青茅群系（Form. *Deyeuxia holciformis*）

青藏野青茅群系主要分布于野马河季节性河流湿地周围，分布海拔为3 800～4 600 m，为河流湿地伴生植被。群落高度为20～30 cm，群落盖度为5%～20%。主要伴生种有青藏苔草（*Carex moorcroftii*）、无梗风毛菊（*Saussurea apus*）、茵垫黄耆（*Astragalus arnoldii*）、西伯利亚蓼（*Polygonum sibiricum*）等。

6）疏穗碱茅群系（Form. *Puccinellia roborovskyi*）

疏穗碱茅群系主要分布于大水河季节性河流湿地周围的河滩地，分布海拔为3 200～4 600 m，为河流湿地伴生植被。群落高度为20～30 cm，群落盖度为5%～20%。主要伴生种有芨芨草（*Achnatherum splendens*）、无梗风毛菊（*Saussurea apus*）、盐角草（*Salicornia europaea*）、西伯利亚蓼（*Polygonum sibiricum*）等。

7）西藏早熟禾群系（Form. *Poa tibetica*）

西藏早熟禾群系主要分布于野马河季节性河流湿地，以及乌兰达坂沟、大道尔基、小德尔基、蓝泉湖和大井泉沼泽湿地，分布海拔为3 000～4 500 m，为河流湿地、沼泽湿地和盐化沼泽湿地伴生植被。群落高度为20～60 cm，群落盖度为15%～30%。主要伴生种有细叶苔草（*Carex duriuscula* subsp. stenophylloides）、达乌里风毛菊（*Saussurea davurica*）、西伯利亚蓼（*Polygonum sibiricum*）、紫花针茅（*Stipa purpurea*）、西藏嵩草（*Kobresia tibetica*）、尖苞苔草（*Carex microglochin*）等。

8）芨芨草群系（Form. *Achnatherum splendens*）

芨芨草群系主要分布于党河南山的季节性河流湿地的河滩地，以及大道尔基、小德尔基、蓝泉湖和榆林河水脑沼泽湿地，分布海拔为2 200～4 500 m，为河流湿地、沼泽湿地和盐化沼泽湿地伴生植被。群落高度为40～150 cm，群落盖度为10%～60%。主要伴生种有甘青铁线莲（*Clematis tangutica*）、达乌里风毛菊（*Saussurea davurica*）、西伯利亚蓼（*Polygonum sibiricum*）、紫花针茅（*Stipa purpurea*）等。

9）窄颖赖草群系（Form. *Leymus angustus*）

窄颖赖草群系主要分布于党河湿地的河滩地，以及平草湖、独山子和盐池湾沼泽湿地，分布海拔为2 200～3 400 m，为河流湿地和沼泽湿地和盐化沼泽湿地伴生植被。群落高度为30～120 cm，群落盖度为10%～45%。主要伴生种有蒲公英（*Taraxacum mongolicum*）、达乌里风毛菊（*Saussurea davurica*）、盐角草（*Salicornia europaea*）等。

10）宽穗赖草群系（Form. *Leymus ovatus*）

宽穗赖草群系主要分布于蓝泉湖沼泽湿地，分布海拔为2 200～3 200 m，为沼泽湿地和盐化沼泽湿地伴生植被。群落高度为50～100 cm，群落盖度为5%～15%。主要伴生种有华扁穗草（*Blysmus sinocompressus*）、西藏早熟禾（*Poa tibetica*）、水麦冬（*Triglochin palustre*）、西藏嵩草（*Kobresia tibetica*）、海乳草（*Glaux maritima*）、蒲公英（*Taraxacum mongolicum*）、达乌里风毛菊（*Saussurea davurica*）、盐角草（*Salicornia europaea*）等。

（3）杂类草湿地植被型

该植被型以除禾本科和莎草科以外的其他草本植物为建群种的各种植物群系，共划分出6个群系。

1）西伯利亚蓼群系（Form. *Polygonum sibiricum*）

西伯利亚蓼群系主要分布于党河和野马河湿地的河滩地，以及盐池湾沼泽湿地，分布海拔为2 200～1 800 m，为河流湿地和沼泽湿地伴生植被。群落高度为10～25 cm，群落盖度为5%～35%。主要伴生种有小眼子菜（*Potamogeton pusillus*）、窄颖赖草（*Leymus angustus*）、水麦冬（*Triglochin palustre*）、海乳草（*Glaux maritima*）、达乌里风毛菊（*Saussurea davurica*）等。

2）盐泽双脊荠群系（Form. *Dilophia salsa*）

盐泽双脊荠群系主要分布于野马河和奎腾河湿地的河滩地，以及尧勒特、石洞沟、查干布尔嘎斯的沼泽湿地，分布海拔为2 200～4 800 m，为河流湿地、沼泽湿地和盐化沼泽湿地伴生植被。群落高度为 1～6 cm，群落盖度为 5%～10%。主要伴生种有匍匐水柏枝（*Myricaria prostrata*）、西藏早熟禾（*Poa tibetica*）、黄白火绒草（*Leontopodium ochroleucum*）、肉叶雪兔子（*Saussurea thomsonii*）、唐古红景天（*Rhodiola tangutica*）、紫花针茅（*Stipa purpurea*）等。

3）唐古红景天群系（Form. *Rhodiola tangutica*）

唐古红景天群系主要分布于野马河季节性河流湿地的河滩地，以及与之伴生的沼泽湿地，分布海拔为 2 200～4 700 m，为河流湿地和沼泽湿地伴生植被。群落高度为 10～20 cm，群落盖度为 5%～10%。主要伴生种有盐泽双脊荠（*Dilophia salsa*）、紫花针茅（*Stipa purpurea*）、沙生繁缕（*Stellaria arenaria*）、单花翠雀花（*Delphinium candela* var. *monanthum*）、阿尔泰葶苈（*Draba altaica*）、无梗风毛菊（*Saussurea apus*）等。

4）杉叶藻群系（Form. *Hippuris vulgaris*）

杉叶藻群系主要分布于大道尔基和小德尔基的沼泽湿地和湖泊湿地，分布海拔为 2 200～3 200 m，为沼泽湿地和湖泊湿地伴生植被。群落高度为 8～90 cm，群落盖度为 10%～35%。主要伴生种有沼泽荸荠（*Eleocharis palustris*）、小眼子菜（*Potamoseton pusillus*）、海韭菜（*Triglochin maritimum*）等。

5）小香蒲群系（Form. *Typha minima*）

小香蒲群系主要分布于榆林河水脑沼泽湿地和其与之伴生的湖泊湿地，分布海拔为 2 200～3 200 m，为沼泽湿地和湖泊湿地伴生植被。群落高度为 16～85 cm，群落盖度为 55%～90%。主要伴生种有芦苇（*Phragmites australis*）、沼泽荸荠（*Eleocharis palustris*）、小眼子菜（*Potamogeton pusillus*）、海韭菜（*Triglochin maritimum*）、扁茎灯心草（*Juncus compressus*）等。

6）水麦冬群系（Form. *Triglochin palustre*）

水麦冬群系主要分布于盐池湾、乌兰达坂、石洞沟和大井泉沼泽湿地，分布海拔为 2 200～3 800 m，为沼泽湿地伴生植被。群落高度为 10～25 cm，群落盖度为 25%～60%。主要伴生种有少花荸荠（*Eleocharis quinquerflora*）、小眼子菜（*Potamogeton pusil1us*）、海韭菜（*Triglochin maritimum*）、黑褐穗苔草（*Carex atrofusca* subsp. *minor*）等。

3.3.2.3　浅水植物湿地植被型组

浅水湿地植物群落系指湖泊、河流中长有湿生和水生植物的地段。酒泉片区内浅水植物湿地面积较小，水生植物群落类型也较少。水生植物受水的深度、光照、温度、透明度及水的适应性影响而不同，组成了漂浮植物群落和沉水植物群落。

（1）浮叶植物植被型

浮叶植物的根固着于水底泥土中，叶片浮于水面。浮叶植物群落是浮叶植物占优势的群落类型。该植被型在本区湿地中仅分布有1种群系，浮毛茛群系（Form. *Ranunculus natans*）。

浮毛茛群系主要分布于扎子沟山谷溪沟浅水和沼泽湿地。分布海拔为2 200～3 800 m，为沼泽湿地伴生植被。群落高度为5～15 cm，群落盖度为5%～25%。主要伴生种有三裂碱毛茛（*Halerpestes tricuspis*）、黑褐穗苔草（*Carex atrofusca* subsp. *minor*）、大花嵩草（*Kobresiamacrantha*）等。

（2）沉水植物植被型

该植被型是以沉水植物为优势种所组成的群落，这类群落的组成往往较为单一。在酒泉片区湿地中，分布有3种沉水植物群系。

1）小眼子菜群系（Form. *Potamogeton pusillus*）

小眼子菜群系主要分布于盐池湾、野牛沟、乌力沟和榆林河水脑沼泽湿地的浅水中和湖泊湿地。分布海拔为2 200～3 600 m，为沼泽湿地和湖泊湿地伴生植被。主要伴生种有杉叶藻（*Hippuris vulgaris*）、沼泽荸荠（*Eleocharis palustris*）和穿叶眼子菜（*Potamogeton perfoliatus*）等。

2）篦齿眼子菜群系（Form. *Stuckenia pectinata*）

篦齿菜群系主要分布于盐池湾沼泽湿地的浅水和湖泊湿地。分布海拔为2 200～3 200 m，为沼泽湿地和湖泊湿地伴生植被。往往形成较为单一的植物群落。

3）穿叶眼子菜群系（Form. Potamogeton perfoliatus）

穿叶眼子菜群系主要分布于盐池湾沼泽湿地的浅水和湖泊湿地。分布海拔为2 200～3 200 m，为沼泽湿地和湖泊湿地伴生植被。主要伴生种有小眼子菜（*Potamogeton pusillus*）。

3.4　湿地植被的演替

根据酒泉片区地质演化历史和现有物种分布规律，可以知道，本区在新生代时期，地形并不高，气候较现代暖热，纬度位置较现代稍低，可能位于当时亚热带的边缘。所以，本区在科的性质上表现为以世界分布型科为主体，温带性质科为重要组成部分，热带性质科为补充。本区地中海性质科的存在，表明本区位于古地中海的边缘，影响不大。到了造山时期，上渐新世到第四纪，本区所处位置及周边发生剧烈变化，山地、高原的形成使本区北移，气候变冷，大陆性气候加剧，尤其是在第四纪，由于喜马拉雅和青藏高原大幅度地抬升，接近今日的高度，原来的大气环流格局被改变，它给周围地区，特别是中国大部分地区的气候产生了深刻的影响，如使我国西北部气候变得更加干旱，为荒漠植被和半荒漠植被的形成和发展提供了极其有利的条件。巨大的喜马拉雅山脉的升起，使印度洋季风影响的范围明显收缩，这一季风现如今已经不能进入西藏地区了。昆仑山、祁连山和秦岭的升起，形成一道屏障，在西北地区阻截突入的西伯利亚反气旋的干旱寒流。因此，亚洲中部逐渐形成一个荒漠景观的封闭区域，终年为干燥的大陆性气候所控制。由于这一时期地形的剧烈运动和气候的剧烈变化，使本区植物与其他地区交流密切，造成了属的分布类型的多样性，也形成了本区属分布类型的格局。由于已经形成的地形格局和气候状况，本区处于一个相对封闭的环境，与外界交流较少，已经存在的植物种类则经自然选择，适应了本区的生境条件而得以存活，不适应的则被淘汰，形成了现有种的分布类型格局。所以，本区科的分布类型少，属的分布类型多，而种的分布类型较多。这是由于本区地质历史的变化和气候条件的变化造成的，科到属、再到种的分布类型的组合可以反映这种变化。

从植物群落角度分析，植被的形成是一个自然历史过程。河西走廊和祁连山的地形、地貌、气候、降水等自然地理特征，由于古地中海的海侵，自白垩纪起开始旱化，第三纪喜马拉雅造山运动使境内高耸的大山隔离了海洋季风的进入，到了第四纪冰期后，更加旱化，就形成现代的荒漠面貌。因此，植物区系上以古地中海为中心，形成中亚成分为主的植被景观，山体上升，降雨充分。所以，一些高山植物还保留在这里。从这个意义上讲，在地质历史尺度上，这里已经形成了较为稳定的生态系统。这里分布的草原属于欧亚草原带的一部分。欧亚草原是世界上最大的草原区，其形成始于新第三纪的中亚。在更新世的冰川阶段，草原取代了森林植被，而森林植被又在温暖的间冰期重新定居在该地区，从而影响了适应这些栖息地的植物的分布。

我们探讨的影响植被分布和植被特征的因素是短时间内、近期的环境变化和人类活动等协同因素如何影响植物分布和群落组成。酒泉片区深居亚洲大陆内地，受东南季风的影响较小，属于高寒半干旱气候区，寒冷、干燥是气候的主要特征。年降水量为 154 mm，集中分布于 6～8 月的降雨占年总量的 60% 以上。显然，季节分配不均。年蒸发量为 2 493.3 mm，是降水量的 17.5 倍，相对湿度为 35%。日照丰富，年达 3 100 小时。年均温度为 -2.5 ℃，7 月为 13.3 ℃，1 月为 -15.6 ℃，年均日差为 12.1 ℃。无霜期 54 天。全年有较大的西北风，河流及冰川分布较为丰富。

由酒泉片区生物气候信息表明，该地区的自然地理特征不利于植物的生长和植被的发育，植物的生长期特别短。水分是影响该区植被发育的主要原因。据统计，在 1967—1984 年，本区出现春末夏初干旱的年份达 43%，其中，三分之一的年份是大旱；出现夏秋干旱的年份接近一半。很明显，本来就很少降雨的区域，出现如此高频率的水分胁迫，植物的春季萌发和夏季的开花、结实严重受到干旱的影响。因此，植被和草场先天发育的不稳定性，决定着该地区植被演替方向。近期的野外调查发现，由于连续的生长季干旱，植被退化严重，部分高寒草原植被覆盖度下降，物种多样性降低，植物长势不旺，生物量严重减低。另一方面，与干旱形成明显对照的是涝灾。涝灾除暴雨和暴风雪外，这里值得一提的是祁连山冰川和积雪融水对植被的影响。在大多人的眼里，祁连山的冰川积雪融化带来了有利的一面，事实也是如此，它养育着占甘肃省总面积 61% 的河西走廊（27.8×10⁸ km²）的绿洲。祁连山的森林生态系统，高山草甸、草原生态系统，维系着 400 多万河西人民的生存、发展。但是，在局部的小范围和一定的时间内，冰川消退、积雪融化的洪水给流域的植被造成了严重甚至是毁灭性的危害。如酒泉片区白石头沟、钓鱼沟一带，近年来因山洪暴发，携带的淤泥将沟谷河床两边的植被全部覆盖、掩埋，道路冲垮。2.5～3 m 高的草场防护栏不到三年就被洪水积沙和淤泥掩埋，这样，流域两边和低缓平原的大面积的草场遭到破坏，对当地畜牧业和交通带来严重影响。因此，雨水与物种需水的错位或不匹配导致植物生长和群落组成发生改变。

影响该地植被和区系组成的第二重要因素是寒潮、强降温和霜冻。据观测，在酒泉片区出现寒潮和强降温天气的月份是 9、10 月到次年 6 月，年出现频次为 3 次左右。寒潮和强降温的出现时间正好是植物萌发或结实期，对植物的发育、传种接代，以及植被的影响将是毁灭性的。

另外，鼠害严重在酒泉片区高寒荒漠化草原地段最为明显。由于间歇性干旱和一定程度的过度放牧，导致鼠害加重，严重危害草场植被。比如在党河南山吾力沟的紫花针茅草原，碱泉子和老虎沟保护站部分区域的沙生针茅（*Stipa caucasica* ssp. *glareosa*）、紫花针茅草原，鼠害会破坏草场，所到之处，仅剩下连老鼠都不食的毒草，如镰叶棘豆（*Oxytropis falcata*）等。

综上，由于短时间尺度上的自然和人为因素的相互作用，加上大范围的气候变化、全球变暖和全球性降雨减少、干旱增加等影响，国家公园部分植被，尤其是草原类型和湿地类型出现旱化、干化和盐渍化，土壤呈现盐碱化、退化、沙化等现象。

3.5　湿地的植物资源

酒泉片区拥有大面积的湿地，为植物的生长发育提供了良好的场所。据野外调查，本区有三个高等植物门类，共 37 科 94 属 168 种，主要分布类型有菊科、禾本科、莎草科、苋科、毛茛科、十字花科、柽柳科和车前科等。湿地植物占该区高等植物总科数的 65.4%，总属数的 40.8%，总种数的 34.1%。这充分说明湿地高等植物是该地区植物多样性的主要组成成分。

表3-7 酒泉片区湿地高等植物基本信息

科	拉丁名(科)	种	拉丁名(种)
丛藓科	*Pottiaceae*	短叶扭口藓	*Barbula tectorum* C. Muell
真藓科	*Bryaceae*	卵叶真藓	*Bryum calophyllum* R. Brown
		湿地真藓	*Bryum schleicheri* Schwaegr
提灯藓科	*Mniaceae*	北灯藓	*Cinclidium stygeum* SW.
柳叶藓科	*Amblystegiaceae*	牛角藓	*Cratoneuron filicinum*(Hedw.)Spruc.
		水灰藓	*Hygrohypnum luridum*(Hedw.)Jem.
青藓科	*Brachytheciaceae*	长肋青藓	*Brachythecium populeum*(Hedw.)B.S.G.
青藓绢藓科	*Entodontaceae*	绢藓	*Entodon cladorrhizns*(Hedw.)C. Muell.
木贼科	*Equisetaceae*	问荆	*Equisetum arvense* L.
		节节草	*Equisetum ramosissimum* Desf.
水麦冬科	*Juncaginaceae*	海韭菜	*Triglochin maritima* L.
		水麦冬	*Triglochin palustris* L.
眼子菜科	*Potamogetonaceae*	穿叶眼子菜	*Potamogeton perfoliatus* L.
		小眼子菜	*Potamogeton pusillus* L.
		篦齿眼子菜	*Stuckenia pectinata*(L.)Börner
兰科	*Orchidaceae*	掌裂兰	*Dactylorhiza hatagirea*(D. Don)Soó
百合科	*Liliaceae*	少花顶冰花	*Gagea pauciflora* Turcz.

科	拉丁名(科)	种	拉丁名(种)
香蒲科	*Typhaceae*	小香蒲	*Typha minima* Funk Hoppe
灯芯草科	*Juncaceae*	小花灯芯草	*Juncus articulatus* L.
		小灯芯草	*Juncus bufonius* L.
		扁茎灯芯草	*Juncus gracillimus*(Buchenau) V. I. Krecz. & Gontsch.
		展苞灯芯草	*Juncus thomsonii* Buchenau
莎草科	*Cyperaceae*	扁穗草	*Blysmus compressus*(L.)Panz. ex Link
		内蒙古扁穗草	*Blysmus rufus*(Hudson)Link
		华扁穗草	*Blysmus sinocompressus* Tang & F. T. Wang
		黑褐穗薹草	*Carex atrofusca subsp.* minor(Boott)T. Koyama
		丛生苔草	*Carex caespititia* Nees
		白颖薹草	*Carex duriuscula* subsp. *rigescens* (Franch.)S. Y. Liang & Y. C. Tang
		细叶薹草	*Carex duriuscula* subsp. *stenophylloides* (V. I. Krecz.)S. Yun Liang & Y. C. Tang
		无脉薹草	*Carex enervis* C. A. Mey.
		无穗柄薹草	*Carex ivanoviae* T. V. Egorova
		康藏嵩草	*Carex littledalei*(C. B. Clarke) S. R. Zhang

续表3-7

科	拉丁名(科)	种	拉丁名(种)
莎草科	Cyperaceae	尖苞薹草	*Carex microglochin* Wahlenb.
		青藏薹草	*Carex moorcroftii* Falc. ex Boott
		大花嵩草	*Carex nudicarpa*(Y. C. Yang) S. R. Zhang
		红棕薹草	*Carex przewalskii* T. V. Egorova
		粗壮嵩草	*Carex sargentiana*(Hemsl.)S. R. Zhang
		西藏嵩草	*Carex tibetikobresia* S. R. Zhang
		沼泽荸荠	*Eleocharis palustris*(L.)Roem. & Schult.
		少花荸荠	*Eleocharis quinqueflora*(Hartm.) O. Schwarz
禾本科	Poaceae	拂子茅	*Calamagrostis epigeios*(L.)Roth
		假苇拂子茅	*Calamagrostis pseudophragmites* (A. Haller)Koeler
		沿沟草	*Catabrosa aquatica*(L.)P. Beauvois
		穗发草	*Deschampsia koelerioides* Regel
		青海野青茅	*Deyeuxia kokonorica*(Keng ex Tzvelev) S. L. Lu
		披碱草	*Elymus dahuricus* Turcz.
		圆柱披碱草	*Elymus dahuricus* var. *cylindricus* Franch.
		垂穗披碱草	*Elymus nutans* Griseb.

科	拉丁名(科)	种	拉丁名(种)
禾本科	*Poaceae*	小画眉草	*Eragrostis* minor Host
		布顿大麦草	*Hordeum bogdanii* Wilensky
		紫大麦草	*Hordeum roshevitzii* Bowden
		梭罗草	*Kengyilia thoroldiana*(Oliv.)J. L. Yang, C. Yen & B. R. Baum
		草	*Koeleria litvinowii* subsp. *argentea*(Grisebach)S. M. Phillips & Z. L. Wu
		窄颖赖草	*Leymus angustus*(Trinius)Pilg.
		宽穗赖草	*Leymus ovatus*(Trinius)Tzvelev
		毛穗赖草	*Leymus paboanus*(Claus)Pilger
		赖草	*Leymus secalinus*(Georgi)Tzvelev
		虉草	*Phalaris arundinacea* L.
		芦苇	*Phragmites australis*(Cavanilles)Trinius ex Steud.
		早熟禾	*Poa annua* L.
		堇色早熟禾	*Poa araratica* subsp. *ianthina*(Keng ex Shan Chen)Olonova & G. Zhu
		光稃早熟禾	*Poa araratica* subsp. *psilolepis*(Keng)Olonova & G. Zhu
		渐尖早熟禾	*Poa attenuata* Trinius
		灰早熟禾	*Poa glauca* Vahl

续表 3-7

科	拉丁名(科)	种	拉丁名(种)
禾本科	Poaceae	碱茅	Puccinellia distans(Jacq.)Parl.
		鹤甫碱茅	Puccinellia hauptiana(Trin. ex V. I. Krecz.)Kitag.
		光稃碱茅	Puccinellia leiolepis L. Liou
		微药碱茅	Puccinellia micrandra Keng
		疏穗碱茅	Puccinellia roborovskyi Tzvelev.
罂粟科	Papaveraceae	糙果紫堇	Corydalis trachycarpa Maxim.
毛茛科	Ranunculaceae	碱毛茛	Halerpestes sarmentosa(Adams)Kom.
		三裂碱毛茛	Halerpestes tricuspis (Maxim.)Hand.-Mazz.
		鸟足毛茛	Ranunculus brotherusii Freyn
		川青毛茛	Ranunculus chuanchingensis L. Liou
		圆裂毛茛	Ranunculus dongrergensis Hand.-Mazz.
		裂叶毛茛	Ranunculus pedatifidus Sm.
		深齿毛茛	Ranunculus popovii var. stracheyanus (Maxim.)W. T. Wang
		苞毛茛	Ranunculus similis Hemsl.
		高原毛茛	Ranunculus tanguticus(Maxim.)Ovcz.
豆科	Fabaceae	甘草	Glycyrrhiza uralensis Fisch.
		草木樨	Melilotus suaveolens Ledeb.

科	拉丁名(科)	种	拉丁名(种)
豆科	*Fabaceae*	小花棘豆	*Oxytropis glabra*(Lam.)DC.
		披针叶野决明	*Thermopsis lanceolata* R. Br.
蔷薇科	*Rosaceae*	蕨麻	*Argentina anserina*(L.)Rydb.
		西北沼委陵菜	*Comarum salesovianum* (Steph.)Asch. et Gr.
		密枝委陵菜	*Potentilla virgata* Lehm.
		羽裂密枝委陵菜	*Potentilla virgata* var. *pinnatifida* (Lehm.)T. T. Yu & C. L. Li
		钉柱委陵菜	*Potentilla saundersiana* Royle.
		鸡冠茶	*Sibbaldianthe bifurca* (L.)Kurtto & T. Erikss.
卫矛科	*Celastraceae*	三脉梅花草	*Parnassia trinervis* Drude.
胡颓子科	*Elaeagnaceae*	肋果沙棘	*Hippophae neurocarpa* S. W. Liu & T. N. Ho
		中国沙棘	*Hippophae rhamnoides* subsp. *sinensis* Rousi
杨柳科	*Salicaceae*	线叶柳	*Salix wilhelmsiana* M. B.
白刺科	*Nitrariaceae*	小果白刺	*Nitraria sibirica* Pall.
		多裂骆驼蓬	*Peganum harmala* L.
十字花科	*Brassicaceae*	荠	*Capsella bursa-pastoris*(L.)Medik.
		单花荠	*Eutrema scapiflorum* (Hook. f. & Thomson)Al-Shehbaz
		独行菜	*Lepidium apetalum* Willd.

续表 3-7

科	拉丁名(科)	种	拉丁名(种)
十字花科	*Brassicaceae*	毛果群心菜	*Lepidium appelianum* Al-Shehbaz Novon.
		球果群心菜	*Lepidium chalepense* L.
		宽叶独行菜	*Lepidium latifolium* L.
		涩芥	*Strigosella africana*(L.)Botsch.
柽柳科	*Tamaricaceae*	宽苞水柏枝	*Myricaria bracteata* Royle
		匍匐水柏枝	*Myricaria prostrata* Hook. f. & Thomson ex Benth. & Hook. f.
		具鳞水柏枝	*Myricaria squamosa* Desv.
		多花柽柳	*Tamarix hohenackeri* Bunge
		盐地柽柳	*Tamarix karelinii* Bunge
		细穗柽柳	*Tamarix leptostachya* Bunge
		多枝柽柳	*Tamarix ramosissima* Ledeb.
蓼科	*Polygonaceae*	西伯利亚蓼	*Knorringia sibirica*(Laxm.)Tzvelev
		细叶西伯利亚蓼	*Knorringia sibirica* subsp. *thomsonii*(Meisn. ex Steward)S. P. Hong Nord.,
		萹蓄	*Polygonum aviculare* L.
		巴天酸模	*Rumex patientia* L.
石竹科	*Caryophyllaceae*	繁缕	*Stellaria media*(L.)Vill.

科	拉丁名(科)	种	拉丁名(种)
苋科	*Amaranthaceae*	藜	*Chenopodium album* L.
		尖叶盐爪爪	*Kalidium cuspidatum*(Ung.–Sternb.) Grub.
		黄毛头	*Kalidium cuspidatum* var. *sinicum* A. J. Li
		盐爪爪	*Kalidium foliatum*(Pall.)Moq.
		细枝盐爪爪	*Kalidium gracile* Fenzl
		灰绿藜	*Oxybasis glauca*(L.)S. Fuentes
		盐角草	*Salicornia europaea* L.
		碱蓬	*Suaeda glauca*(Bunge)Bunge
报春花科	*Primulaceae*	海乳草	*Lysimachia maritima*(L.)Galasso
		天山报春	*Primula nutans* Georg
		甘青报春	*Primula tangutica* Duthie
龙胆科	*Gentianaceae*	刺芒龙胆	*Gentiana aristata* Maximowicz
		圆齿褶龙胆	*Gentiana crenulatotruncata*(C. Marquand)T. N. Ho
		假鳞叶龙胆	*Gentiana pseudosquarrosa* Harry Sm.
		矮假龙胆	*Gentianella pygmaea*(Regel & Schmalhausen)Harry Smith
		扁蕾	*Gentianopsis barbata*(Froelich)Ma
		湿生扁蕾	*Gentianopsis paludosa*(Munro ex J. D. Hooker)Ma

续表3-7

科	拉丁名(科)	种	拉丁名(种)
龙胆科	Gentianaceae	肋柱花	Lomatogonium carinthiacum(Wulfen) Reichenbach
		合萼肋柱花	Lomatogonium gamosepalum(Burkill) Harry Smith
		辐状肋柱花	Lomatogonium rotatum(L.)Fries ex Nyman
夹竹桃科	Apocynaceae	鹅绒藤	Cynanchum chinense R. Br.
紫草科	Boraginaceae	狭果鹤虱	Lappula semiglabra(Ledeb.)Gürke
		长柱琉璃草	Lindelofia stylosa(Kar. et Kir.)Brand
茄科	Solanaceae	北方枸杞	Lycium chinense var. potaninii (Pojark.)A. M. Lu
车前科	Plantaginaceae	杉叶藻	Hippuris vulgaris L.
		平车前	Plantago depressa Willdenow
		大车前	Plantago major L.
		北水苦荬	Veronica anagallis-aquatica L.
		长果婆婆纳	Veronica ciliata Fischer
		毛果婆婆纳	Veronica eriogyne H. Winkler
列当科	Orobanchaceae	疗齿草	Odontites vulgaris Moench
		大唇拟鼻花马先蒿	Pedicularis rhinanthoides subsp. labellata(Jacq.)Tsoong
菊科	Asteraceae	铺散亚菊	Ajania khartensis(Dunn)Shih

科	拉丁名(科)	种	拉丁名(种)
菊科	*Asteraceae*	臭蒿	*Artemisia hedinii* Ostenfeld.
		毛莲蒿	*Artemisia vestita* Wall. ex Bess.
		刺儿菜	*Cirsium arvense* var. *integrifolium* Wimmer & Grab.
		盘花垂头菊	*Cremanthodium discoideum* Maxim.
		车前状垂头菊	*Cremanthodium ellisii*(Hook. f.)Kitam.
		矮垂头菊	*Cremanthodium humile* Maxim.
		蓼子朴	*Inula salsoloides*(Turczaninow)Ostenfeld
		花花柴	*Karelinia caspia*(Pall.)Less.
		中华苦荬菜	*Ixeris chinensis*(Thunb.)Nakai
		乳苣	*Lactuca tatarica*(L.)C. A. Mey.
		沙生风毛菊	*Saussurea arenaria* Maxim.
		盐地风毛菊	*Saussurea salsa*(Pall.)Spreng.
		碱苣	*Sonchella stenoma*(Turczaninow ex Candolle)Sennikov
		蒙古鸦葱	*Takhtajaniantha mongolica*(Maxim.)Zaika
		白花蒲公英	*Taraxacum albiflos* Kirschner & Štepanek
		蒲公英	*Taraxacum mongolicum* Hand.-Mazz.
		白缘蒲公英	*Taraxacum platypecidum* Diels

续表3-7

科	拉丁名(科)	种	拉丁名(种)
菊科	*Asteraceae*	华蒲公英	*Taraxacum sinicum* Kitag.
伞形科	*Apiaceae*	葛缕子	*Carum carvi* L.
		裂叶独活	*Heracleum millefolium* Diels
		长茎藁本	*Ligusticum thomsonii* C. B. Clarke

3.6 湿地保护植物及特有物种

3.6.1 国家级保护植物

酒泉片区列入最新国家重点保护植物名录的有5种，分别是禾本科的黑紫披碱草（*Elymus atratus*）、豆科的甘草（*Glycyrrhiza uralensis*）、报春花科的羽叶点地梅（*Pomatosace filicula*）、茄科的黑果枸杞（*Lycium ruthenicum*）、菊科的水母雪兔子（*Saussurea medusa*）。

3.6.2 特有植物

据统计，该区域拥有羽叶点地梅属（*Pomatosace*）、颈果草属（*Metaeritrichium*）、马尿泡属（*Przewalskia*）、黄缨菊属（*Xanthopappus*）4个中国特有属，共125个中国特有种，青藏高原特有植物有16科34属52种，无本地区特有种。

3.7 湿地重要的资源植物

酒泉片区内高等植物有42科154属264种，3亚种11变种，其中甘肃植物新纪录11种；初步统计有经济价值的资源植物，按其性质和用途把它们分为4类：主要森林资源及防护造林植物3种，野果野菜5种，片区内优质牧草52种，药用植物32种。

3.7.1 主要森林资源

表 3-8 酒泉片区内主要森林资源

植物名称	适宜生长高度	利用部位	主要用途
多枝柽柳	2 200 m 以下	全株	防风固沙
细穗柽柳	2 200 m 以下	全株	防风固沙
沙棘	3 800 m 以下	全株、枝叶	河滩造林,枝叶可作牧草

3.7.2 野果野菜植物

表 3-9 酒泉片区内野果野菜植物

植物名称	利用部位	主要用途
沙棘	果实	制作果酱及饮料
鹅绒委陵菜(蕨麻)	块根	食用
沙葱	茎、叶	食用
镰叶韭(扁葱)	茎、叶	食用
藜(灰条)	嫩茎、叶	食用

3.7.3 优良牧草

表 3-10 酒泉片区内优良牧草

植物名称	利用部位	适口性
狭颖鹅观草	全草	优
垂穗鹅观草	全草	优
冠毛草	全草	优
早熟禾	全草	优
中华早熟禾	全草	优

续表3-10

植物名称	利用部位	适口性
藏北早熟禾	全草	优
小早熟禾	全草	优
开展早熟禾	全草	优
中亚早熟禾	全草	优
疏化早熟禾	全草	优
草地早熟禾	全草	优
西藏早熟禾	全草	优
扁穗草	全草	良
黑褐苔草	全草	优
丛生苔草	全草	优
无脉苔草	全草	优
中间型莎荸	全草	良
线叶蒿草	全草	优
矮生蒿草	全草	优
粗壮蒿草	全草	优
镰叶韭	叶、花序	优
沙葱	叶、花序	优
芨芨草	全草、果实	良
冰草	全草	优
沙生冰草	全草	优
拂子茅	全草	良

植物名称	利用部位	适口性
假苇拂子茅	全草	优
穗发草	全草	良
圆柱披碱草	全草、果实	优
垂穗披碱草	全草、果实	优
羊茅	全草	优
大麦草	全草	优
紫野麦草	全草	优
芒蓝草	全草	良
毛穗赖草	全草	良
赖草	全草	良
蔺草	全草	优
芦苇	全草	良
异针茅	全草	优
短花针茅	全草	优
紫花针茅	全草	优
沙生针茅	全草	优
西北针茅	全草	优
碱葱	叶、花序	优
多枝黄芪	叶	良
红花岩黄芪	叶、花	良
紫花苜蓿	枝、叶、花	优

续表 3-10

植物名称	利用部位	适口性
红砂	嫩枝、叶	良
圆穗蓼	叶、花序、果实	良
珠芽蓼	叶、花序、果实	良
鹅绒委陵菜	块根、茎、叶	良
小叶金露梅	嫩枝、叶	良

3.7.4 药用植物及功效

表3-11　酒泉片区内药用植物及功效

蒙名(译音)	植物名	药用部位	功　效
德日苏	芨芨草	花序、秆的基部	清热利湿、止血
昭巴拉格	白草	根茎	清热凉血、利尿
呼勒斯、好鲁苏	芦苇	根茎、花序	清热生津、止呕、利尿、止血
塔苏日海—嘎伦—塔巴格	细果角茴香	全草	解毒、退烧,治流感、咳嗽
昌古	腺独行菜	全草、种子	清热利尿、祛痰定喘
色道麻、结力根	中麻黄	全草及根	发汗、止咳平喘、利水,根止汗
苏海、乌兰—苏海	多枝柽柳	枝叶	解毒、祛风、透疹、利尿
芦格琼	阿尔泰狗娃花	根、花、全草	散寒润肺、止咳化痰、利尿
乔诺英—哈尔马格	黑果枸杞	根、果实	清肺热、镇咳
利德尔、胡苏姆—布亚	苦豆子	全草、种子、根	清热燥湿、止痛、杀虫,有毒

蒙名(译音)	植物名	药用部位	功 效
通克	赖草	根	清热、止血、利尿
查干—比目羊古	白花枝子花	带花全草	清咳、清肝火、散淤结
伯勒草格、沙尔—果果格	黄花补血草	花	补血,治月经不调,止痛
楚尔布尔—乌布斯	细叶马兰	根、种子	安胎养血
抗霍特—乌布斯	苦马豆	全草、果实、根	补肾、利尿、消肿、固精、止血
哈尔马格	白刺	果实	健脾胃、助消化
契癸日格纳	沙棘	果实	健脾胃
舒乌尔、布利亚吉尔	金露梅	叶、花	清暑热、调经、花治赤白带下
乌森赫尔斯	小花棘豆	全草	麻醉、镇静、止痛,有毒慎用
—	水母雪莲	全草	祛风除湿、通经活络,有强心作用
—	唐古特雪莲	全草	清热退烧,治流感、咽肿痛
—	青海大戟	根	治癣、黄水疮,有毒,外用
—	糙果紫堇	块茎	治流感、伤寒
—	马尿泡	种子	镇痛散肿,治毒疮、癌,有毒
—	铁棒锤	块根	止痛、祛风除湿,有剧毒,慎用
—	单花翠雀花	花、全草	清热解毒、止泻、敛疮
—	白兰翠雀花	花、全草	清热解毒、止泻、敛疮

续表 3-11

蒙名(译音)	植物名	药用部位	功　效
—	唐古红景天	花、主根及根茎	退烧、利肺、活血止血
—	达乌里龙胆	根	除风湿、退湿热
—	乳突拟楼斗菜	全草	退烧止痛、催产止血、下死胎
—	车前状垂头菊	全草	祛痰止咳、宽胸利气
—	甘肃雪灵芝	根	清热化痰、润肺止咳、降血压

3.8　湿地维管束植物名录

经过调查统计发现，酒泉片区湿地共有维管植物37科159属368种。其中，蕨类植物1科1属2种，种子植物36科158属366种，均为被子植物。所有植物种类按照恩格勒分类系统进行整理和排序，编制出《酒泉片区湿地维管植物名录》（附录1）。

第4章 酒泉片区湿地脊椎动物资源

4.1 湿地鱼类资源及其区系特征

酒泉片区水系为高山融水形成的内陆河水系，鱼类种类较为匮乏，野生种类有1目2科2属5种，都为鲤形目，包括条鳅科高原鳅属的短尾高原鳅（*Triplophysa brevicauda*）、梭形高原鳅（*Triplophysa leptosoma*）、酒泉高原鳅（*Triplophysa hsutschouensis*）、重穗唇高原鳅（*Triplophysa papillosolabitus*），以及鲤科裸鲤属的花斑裸鲤（*Gymnocypris eckloni*）。

其中，高原鳅属鱼类数量和分布均少，花斑裸鲤为青藏亚区和陇西亚区种类，分布较广，是青藏高原的代表种。

表4-1　酒泉片区湿地鱼类种类

目	科	属	物种名	拉丁名	资源量
鲤形目 Cypriniformes	条鳅科 Nemacheilidae	高原鳅属 *Triplophysa*	短尾高原鳅	*Triplophysa brevicauda*	+
			梭形高原鳅	*Triplophysa leptosoma*	#
			酒泉高原鳅	*Triplophysa hsutschouensis*	#
			重穗唇高原鳅	*Triplophysa papillosolabitus*	#
	鲤科 Cyprinidae	裸鲤属 *Gymnocypris*	花斑裸鲤	*Gymnocypris eckloni*	++

注：+ 有分布，不常见，++ 较常见，# 有分布（资料数据）

4.2 湿地两栖类动物资源

酒泉片区湿地的两栖类有1目2科2属2种，均属无尾目，包括蟾蜍科的花背蟾蜍（*Strauchbufo raddei*）和蛙科的高原林蛙（*Rana kukunoris*）。

花背蟾蜍的适应性强，分布较广，栖息在海拔低于2 600 m的沼泽；国内广泛分布于青海、甘肃、宁夏、陕西等北方省份，区系为古北界，分布型为东北—华北型（X）。

高原林蛙是中国特有种；多生活在海拔2 000～4 200 m高原地区的各种水域及其附近的湿润环境，以水塘、水坑和沼泽等静水域及其附近的草地作为主要栖息地；国内分布于甘肃、青海、西藏、四川；广布种，分布型为高地型（P）。

4.3 湿地鸟类资源

4.3.1 物种多样性

鸟类具有独特的生理和行为特征，能够适应各种不同的生态环境，从而在国家公园中展现出多样性。事实上，鸟类是国家公园中陆生脊椎动物种类最多、最主要的一个类群。

湿地鸟类指的是那些在生态上依赖于湿地，且在形态和行为上对湿地形成适应特征的鸟类，它们在湿地生态系统中生活、繁殖；同时，对于维持湿地生态平衡、维护湿地生物多样性起到了十分重要的作用。

在2023年自然资源调查中发现，酒泉片区内共有湿地鸟类11目17科85种，占甘肃省鸟类479种的17.75%，占酒泉片区脊椎动物种数（276种）的30.8%，占酒泉片区鸟类种数（212种）的40.09%。

从种类上看，9目中以鸻形目（Charadriiformes）种类最多，达到4科27种，占酒泉片区湿地鸟类的31.76%；雁形目（Anseriformes）其次，有1科22种，占酒泉片区湿地鸟类的25.88%；鹰形目（Accipitriformes）有2科13种，占酒泉片区湿地鸟类的15.29%；鹤形目（Gruiformes）有2科5种；鸮形目（Strigiformes）和隼形目（Falconiformes）都有1科4种；䴙䴘目（Podicipediformes）和鹈形目（Pelecaniformes）都是1科3种；雀形目（Passeriformes）有2科2种；鹳形目（Ciconiiformes）和鲣鸟目（Suliformes）种类最少，都是1科1种。

表 4-2　湿地鸟类各类群的组成

目	科	种	目	科	种
雁形目	1	22	鸻形目	4	27
鹏鹛目	1	3	鸮形目	1	4
鹤形目	2	5	鹰形目	2	13
鹳形目	1	1	隼形目	1	4
鹈形目	1	3	雀形目	2	2
鲣鸟目	1	1			

　　酒泉片区为典型的大陆性气候，干旱少雨，蒸发强烈，自然景观丰富多样。本区的盐池湾湿地（党河上游）是著名的黑颈鹤在西部的重要繁殖栖息地，湿地鸟类如鸻形目（Charadriiformes）、雁形目（Anseriformes）种类丰富。得益于盐池湾党河流域良好的湿地生境，酒泉片区湿地鸟类组成中，水禽有 61 种，占片区鸟类种数（212 种）的 28.77%，占片区湿地鸟类种数（85种）的 71.76%。

　　根据鸟类迁徙行为的不同，可以对鸟类的留居类型进行划分。在酒泉片区 85 种湿地鸟类中，旅鸟（P）比例最高，为 41 种（占 48.24%），夏候鸟（S）31 种（占 36.47%）；留鸟（R）13 种（占 15.29%）。

表 4-3　鸟类的季节分布种

种类	雁形目	鹏鹛目	鹤形目	鹳形目	鹈形目	鲣鸟目	鸻形目	鸮形目	鹰形目	隼形目	雀形目	合计
夏候鸟	6	1	3	1	1	—	13	—	3	2	1	31
旅鸟	16	1	2	—	2	1	14	—	3	1	1	41
留鸟	—	1	—	—	—	—	—	4	7	1	—	13
合计	22	3	5	1	3	1	27	4	13	4	2	85

　　从鸟类居留型的角度来看，酒泉片区湿地的旅鸟（迁徙过路鸟）占比显

著。这是由于春—秋季节本区湿地生境各类丰富资源的存在，吸引了大量的迁徙过路鸟类选择在途经该区域时停歇，补充能量。此外，还有黑颈鹤（*Grus nigricollis*）、黑鹳（*Ciconia nigra*）等夏候鸟选择在春夏季节时飞到酒泉片区内的河流湿地筑巢安家、繁衍生息，直到幼鸟成长，再于深秋季节飞往南方，待到次年春季再次飞临。湿地鸟类中的留鸟有13种，这与湿地的气候特点有关。显著的高寒气候特征使得漫长冬季寒冷而干燥，无法为绝大多数湿地鸟类提供足以越过严冬的栖息场所与食物来源，因此，在此越冬的湿地鸟类较少。

4.3.2 区系分析

鸟类的地理分布区主要是以它们繁殖的范围作为准绳。酒泉片区湿地共44种繁殖鸟类（夏候鸟31种、留鸟13种）的分布型中，分布最多的是古北型（U），有16种，占36.36%；其次是全北型（C）（10种，占22.73%）、广布型（O）（9种，占20.45%）、中亚型（D）（5种，占11.36%）、高地型（P或I）（3种，占6.82%）和东洋型（W）（1种，占2.27%）。

酒泉片区湿地鸟类区系中，古北界的种类（分布型包括全北型、古北型、东北型、华北型、东北—华北型、中亚型、季风型、高地型）有34种（占77.27%），广布种的种类有9种（占20.45%），东洋界的种类（分布型包括东洋型、南中国型和喜马拉雅—横断山区型）只有1种（占2.27%）。鸟类区系组成上古北界，占很大优势，东洋界所占比例小，北方区系特征明显。

表4-4　酒泉片区内湿地鸟类区系成分统计

目	C	U	M	B	X	D	E	P或I	H	W	S	O	合计
雁形目	1	2	—	—	—	—	—	1	—	1	—	1	6
鹏鹏目	1	1	—	—	—	—	—	—	—	—	—	—	2
鹤形目	—	1	—	—	—	—	—	1	—	—	—	1	3
鹳形目	—	1	—	—	—	—	—	—	—	—	—	—	1
鹈形目	—	1	—	—	—	—	—	—	—	—	—	—	1

目	C	U	M	B	X	D	E	P或I	H	W	S	O	合计
鲣鸟目	—	—	—	—	—	—	—	—	—	—	—	—	0
鸻形目	2	5	—	—	—	2	—	1	—	—	—	3	13
鸮形目	2	2	—	—	—	—	—	—	—	—	—	—	4
鹰形目	3	2	—	—	—	3	—	—	—	—	—	2	10
隼形目	1	1	—	—	—	—	—	—	—	—	—	1	3
雀形目	—	—	—	—	—	—	—	—	—	—	—	1	1
合计	10	16	0	0	0	5	0	3	0	1	0	9	44
比例（%）	22.73	36.36	0.0	0.0	0.0	11.36	0.0	6.82	0.0	2.27	0.0	20.45	100.0

注：C为全北型，分布于欧亚大陆北部和北美洲；U为古北型，分布于欧亚大陆北部，向南达于东洋界相邻地区；M为东北型，我国东北地区或再包括附近地区；B为华北型，主要分布于华北区；X为东北—华北型，分布于我国东北和华北，向北伸达朝鲜半岛、俄罗斯远东和蒙古国等地；D为中亚型，分布于我国西北干旱区、国外中亚干旱区，有的可达北非；E为季风型，东部湿润地区为主；P或I为高地型，P主要分布于中亚地区的高山，I以青藏高原为中心，包括其外围山地；H为喜马拉雅—横断山区型；W为东洋型，主要分布于亚洲热带、亚热带，有的达北温带；S为南中国型；O为不易归类的分布，其中不少分布比较广泛的种。

4.4　国家重点保护及珍稀、濒危动物资源

4.4.1　国家级重点保护野生动物

依据《国家重点保护野生动物名录》（2021年），酒泉片区湿地记录有国家重点保护野生动物共31种，保护动物种类丰富。

其中，一级保护物种8种：黑颈鹤（*Grus nigricollis*）、黑鹳（*Ciconia nigra*）、金雕（*Aquila chrysaetos*）、草原雕（*Aquila nipalensis*）、白肩雕（*Aquila heliaca*）、玉带海雕（*Haliaeetus leucoryphus*）、白尾海雕（*Haliaeetus albicilla*）、猎隼（*Falco cherrug*）。

二级保护动物23种：白额雁（*Anser albifrons*）、疣鼻天鹅（*Cygnus olor*）、大天鹅（*Cygnus cygnus*）、黑颈䴙䴘（*Podiceps nigricollis*）、灰鹤（*Grus grus*）、蓑羽鹤（*Grus virgo*）、白腰杓鹬（*Numenius arquata*）、翻石鹬（*Arenaria interpres*）、雕鸮（*Bubo bubo*）、纵纹腹小鸮（*Athene noctua*）、长耳鸮（*Asio otus*）、短耳鸮（*Asio flammeus*）、鹗（*Pandion haliaetus*）、雀鹰（*Accipiter nisus*）、苍鹰（*Accipiter gentilis*）、白尾鹞（*Circus cyaneus*）、黑鸢（*Milvus migrans*）、普通鵟（*Buteo japonicus*）、大鵟（*Buteo hemilasius*）、棕尾鵟（*Buteo rufinus*）、红隼（*Falco tinnunculus*）、燕隼（*Falco subbuteo*）、游隼（*Falco peregrinus*）。

表4-5 酒泉片区湿地国家重点保护动物和CITES保护物种

目	科	中文名	拉丁名	国家重点保护级别	CITES附录	数量
雁形目	鸭科	白额雁	*Anser albifrons*	Ⅱ		#
		疣鼻天鹅	*Cygnus olor*	Ⅱ		#
		大天鹅	*Cygnus cygnus*	Ⅱ		+
䴙䴘目	䴙䴘科	黑颈䴙䴘	*Podiceps nigricollis*	Ⅱ		#
鹤形目	鹤科	灰鹤	*Grus grus*	Ⅱ	Ⅱ	+
		黑颈鹤	*Grus nigricollis*	Ⅰ	Ⅰ	++
		蓑羽鹤	*Grus virgo*	Ⅱ	Ⅱ	++
鹳形目	鹳科	黑鹳	*Ciconia nigra*	Ⅰ	Ⅱ	+
鸻形目	鹬科	白腰杓鹬	*Numenius arquata*	Ⅱ		#
		翻石鹬	*Arenaria interpres*	Ⅱ		#
鸮形目	鸱鸮科	雕鸮	*Bubo bubo*	Ⅱ	Ⅱ	+
		纵纹腹小鸮	*Athene noctua*	Ⅱ	Ⅱ	+
		长耳鸮	*Asio otus*	Ⅱ	Ⅱ	+
		短耳鸮	*Asio flammeus*	Ⅱ	Ⅱ	#

续表4-5

目	科	中文名	拉丁名	国家重点保护级别	CITES附录	数量
鹰形目	鹗科	鹗	*Pandion haliaetus*	Ⅱ	Ⅱ	#
	鹰科	金雕	*Aquila chrysaetos*	Ⅰ	Ⅱ	++
		草原雕	*Aquila nipalensis*	Ⅰ	Ⅱ	++
		白肩雕	*Aquila heliaca*	Ⅰ	Ⅰ	+
		雀鹰	*Accipiter nisus*	Ⅱ	Ⅱ	#
		苍鹰	*Accipiter gentilis*	Ⅱ	Ⅱ	+
		白尾鹞	*Circus cyaneus*	Ⅱ	Ⅱ	+
		黑鸢	*Milvus migrans*	Ⅱ	Ⅱ	+
		玉带海雕	*Haliaeetus leucoryphus*	Ⅰ	Ⅱ	+
		白尾海雕	*Haliaeetus albicilla*	Ⅰ	Ⅰ	+
		普通鵟	*Buteo japonicus*	Ⅱ	Ⅱ	+++
		大鵟	*Buteo hemilasius*	Ⅱ	Ⅱ	++
		棕尾鵟	*Buteo rufinus*	Ⅱ	Ⅱ	#
隼形目	隼科	红隼	*Falco tinnunculus*	Ⅱ	Ⅱ	++
		燕隼	*Falco subbuteo*	Ⅱ	Ⅱ	+
		猎隼	*Falco cherrug*	Ⅰ	Ⅱ	++
		游隼	*Falco peregrinus*	Ⅱ	Ⅰ	+

注：+有分布，不常见　++较常见　+++数量多　#有分布（资料数据）

4.4.2 《濒危野生动植物种国际贸易公约》（CITES）规定的保护动物种类

根据《濒危野生动植物种国际贸易公约》（CITES）2023年附录，酒泉片区湿地脊椎动物中，有附录物种25种。列入附录Ⅰ的物种4种：黑颈鹤（*Grus nigricollis*）、白肩雕（*Aquila heliaca*）、白尾海雕（*Haliaeetus albicilla*）、游隼（*Falco peregrinus*）；列入附录Ⅱ的物种21种：灰鹤（*Grus grus*）、蓑羽鹤（*Grus virgo*）、黑鹳（*Ciconia nigra*）、鹗（*Pandion haliaetus*）、雕鸮（*Bubo bubo*）、纵纹腹小鸮（*Athene noctua*）、长耳鸮（*Asio otus*）、短耳鸮（*Asio flammeus*）、鹗（*Pandion haliaetus*）、金雕（*Aquila chrysaetos*）、草原雕（*Aquila nipalensis*）、雀鹰（*Accipiter nisus*）、苍鹰（*Accipiter gentilis*）、白尾鹞（*Circus cyaneus*）、黑鸢（*Milvus migrans*）、玉带海雕（*Haliaeetus leucoryphus*）、普通鵟（*Buteo japonicus*）、大鵟（*Buteo hemilasius*）、棕尾鵟（*Buteo rufinus*）、红隼（*Falco tinnunculus*）、燕隼（*Falco subbuteo*）、猎隼（*Falco cherrug*）。

4.4.3 世界自然保护联盟（IUCN）红色名录保护等级

依据IUCN红色名录等级（The IUCN Red List of Threatened Species，Version 2023），酒泉片区湿地动物中分布有IUCN极危等级（CR）物种1种：青头潜鸭（*Aythya baeri*）；濒危等级（EN）物种4种：蒙古沙鸻（*Charadrius mongolus*）、草原雕（*Aquila nipalensis*）、玉带海雕（*Haliaeetus leucoryphus*）、猎隼（*Falco cherrug*）；易危等级（VU）的物种2种：红头潜鸭（*Aythya ferina*）、白肩雕（*Aquila heliaca*）；近危等级（NT）物种6种：白眼潜鸭（*Aythya nyroca*）、黑颈鹤（*Grus nigricollis*）、凤头麦鸡（*Vanellus vanellus*）、黑尾塍鹬（*Limosa limosa*）、白腰杓鹬（*Numenius arquata*）、弯嘴滨鹬（*Calidris ferruginea*）。

表4-6 酒泉片区湿地分布的IUCN红色名录等级物种

类群	物种名	拉丁名	INCN等级	数量
鸟纲	青头潜鸭	*Aythya baeri*	CR	+
	蒙古沙鸻	*Charadrius mongolus*	EN	++
	草原雕	*Aquila nipalensis*	EN	++

续表4-6

类群	物种名	拉丁名	INCN等级	数量
鸟纲	玉带海雕	*Haliaeetus leucoryphus*	EN	+
	猎隼	*Falco cherrug*	EN	++
	红头潜鸭	*Aythya ferina*	VU	++
	白肩雕	*Aquila heliaca*	VU	+
	白眼潜鸭	*Aythya nyroca*	NT	+
	黑颈鹤	*Grus nigricollis*	NT	++
	凤头麦鸡	*Vanellus vanellus*	NT	+
	黑尾塍鹬	*Limosa limosa*	NT	#
	白腰杓鹬	*Numenius arquata*	NT	#
	弯嘴滨鹬	*Calidris ferruginea*	NT	#

注：+有分布，不常见 ++较常见 +++数量多 #有分布（资料数据）

4.4.4 中国特有物种

2023年自然资源调查发现，酒泉片区湿地动物中有记录的中国特有物种共6种。其中，鱼类有5种：短尾高原鳅（*Triplophysa brevicauda*）、梭形高原鳅（*Triplophysa leptosoma*）、重穗唇高原鳅（*Triplophysa papillosolabitus*）、酒泉高原鳅（*Triplophysa hsutschouensis*）和花斑裸鲤（*Gymnocypris eckloni*）；两栖类有1种：高原林蛙（*Rana kukunoris*）。

表4-7 酒泉片区湿地分布的中国特有物种

类群	物种	学名	数量
鱼纲	短尾高原鳅	*Trilophysa brevviuda*	+
	梭形高原鳅	*Triplophysa leptosoma*	#
	重穗唇高原鳅	*Triplophysa papillosolabiata*	#

续表4-7

类群	物种	学名	数量
鱼纲	酒泉高原鳅	*Triplophysa hsutschouensis*	#
	花斑裸鲤	*Gymnocypris eckloni*	++
两栖纲	高原林蛙	*Rana kukunoris*	+

注：+ 有分布，不常见 ++ 较常见 +++ 数量多 # 有分布（资料数据）

4.4.5　酒泉片区湿地旗舰物种——黑颈鹤

黑颈鹤，别名藏鹤、雁鹅、黑雁，学名 *Grus nigricollis*，鸟纲鹤形目鹤科鹤属，国内主要分布于青藏高原和云贵高原等地区，在甘肃省内的酒泉、甘南等地均有分布。黑颈鹤主要繁殖在海拔4000 m以上的草甸沼泽之中，是现今世界上15种鹤类中唯一生长、繁衍在高原的高原栖息种类。

黑颈鹤全身呈灰白色，头顶和眼先裸出部分呈暗红色，嘴暗绿褐色，颈部和腿部较长，腿黑色。在头顶布有稀疏发状羽，除眼后和眼下方有一小白色或灰白色斑外，头的其余部分和颈的上部约2/3均为黑色，故得名黑颈鹤。其初级飞羽、次级飞羽和三级飞羽均呈黑褐色；三级飞羽延长并弯曲呈弓形，羽端分枝成丝状，覆盖在尾上。尾羽黑色，羽缘沾棕黄色；肩羽浅灰黑色，先端转为灰白色；其余上体及下体全为灰白色，各羽羽缘沾淡棕色。站立时，三级飞羽收拢覆于尾上，又酷似黑色的尾。

成年黑颈鹤体长约120 cm，体型在鹤类中居中等，雌雄体型相近，雌鹤略小。雌鸟上背有棕褐色的蓑羽伸出，雄鹤则不明显。幼鸟头顶呈棕黄色，颈杂有黑色和白色，背灰黄色。初级飞羽和次级飞羽为黑色，越冬后，颈上1/3灰黑色，背残留有黄褐色羽毛。

黑颈鹤是单配制鸟类，它们的繁殖期主要在每年的5～7月份，一般从5月份开始在有水环绕的草墩上或茂密的芦苇丛中营巢产卵，每窝卵数通常为2枚。在繁殖地约居留6个月，随后开始迁徙越冬。

每年十月中下旬，黑颈鹤会在繁殖地集结，以数十甚至上百只的群体规模集体迁飞至越冬地点。它们主要选择青藏高原南部和云南高原中部作为越冬场所，最远也不过印度北部。随着气候转暖，又会从越冬地返回繁殖地，开始新的繁殖周期。

黑颈鹤为杂食性鸟类，以植物的叶和根茎为食，也吃昆虫、鱼、蛙以及农田中残留的作物种子等。近年来，高原地区湖泊开发、修筑公路、沼泽改造等人类活动使得黑颈鹤的栖息地面积不断减少；同时，黑颈鹤的生存环境中还存在大量使用农药灭鼠灭虫、非法猎杀和捡拾鸟卵等现象的威胁。

目前，全世界黑颈鹤总体数量在17 000只左右，且绝大多数都生活在中国境内。黑颈鹤现已被我国列入《国家重点保护野生动物名录》中，为Ⅰ级保护动物。此外，黑颈鹤还被列入《濒危野生动植物种国际贸易公约》（CITES）的附录Ⅰ中，并被《世界自然保护联盟濒危物种红色名录》列为近危（NT）保护等级。

4.5　湿地脊椎动物名录

在2023年自然资源调查中发现，酒泉片区共有湿地脊椎动物13目21科92种。其中，鱼类1目2科5种，两栖类1目2科2种，湿地鸟类11目17科85种。编制出《酒泉片区湿地脊椎动物名录（鱼纲、两栖纲）》和《酒泉片区湿地脊椎动物名录（鸟纲）》，见附录2。

第5章 酒泉片区湿地浮游生物及无脊椎动物资源

酒泉片区分布有大面积的湿地，季节性湖泊和池塘等诸多水系形成湿地生态系统，湿地浮游生物和无脊椎动物门类齐全。根据研究资料和调查发现，其中浮游植物统计种类共有5门83种（属），其中，硅藻在水体中始终占有绝对优势，优势属分别为桥弯藻属、小环藻属、粘杆藻属、针杆藻属、菱形藻属、脆杆藻属，这种优势物种分布特点与水体的盐度和季节性气温变化有关。浮游动物共有2门84种（属），其中原生动物门共有72属，占总种数85.71%。湿地昆虫则以环节动物门、软体动物门和节肢动物门为代表类群，共12目64科211属292种，包括甘肃省新纪录6种。

5.1 湿地浮游生物区系

浮游生物（plankton）泛指生活在水中而缺乏有效移动能力的漂流生物，其中分为浮游植物和浮游动物。浮游生物是水生生物的重要组成部分，其中固有动物是一个动物生态类群，在湿地生态系统的食物链中具有重要地位，为湿地动物提供充足的食物资源，大多数湿地无脊椎动物也以浮游动物为食；同时，有些种类还是重要的经济水产资源。

酒泉片区分布有大面积的湿地，季节性湖泊和池塘为浮游植物的生长创造了条件，除水生植物高等植物，如杉叶藻、眼子菜外，水体中生长有多种多样的藻类植物。在浮游植物的调查研究中，统计种类共有5门83种（属），主要是硅藻、蓝藻、绿藻，其他门藻类较少。硅藻在水体中始终占据着绝对优势，优势属分别为桥弯藻属、小环藻属、粘杆藻属、针杆藻属、菱形藻属、脆杆藻属，这种优势物种的分布特点与水体的盐度和季节性气温变化有关。

表5-1　酒泉片区内湿地浮游藻类基本信息

门类	门拉丁名	藻类名称	拉丁学名
蓝藻门	Cyanophyta	寄生微囊藻	*Microcystis parasitica* Kutz.
		粘黑粘球藻	*Gloeocap sabutuminosa*（Bory）Kutz.
		黑紫粘球藻	*Gloeocap sanigrecens* Nag.
		针晶蓝纤维藻	*Dacty lococcop sisacicularis* Lemm
		穴居色球藻	*Chroococcus spelaeus* Erceg.
		湖沼色球藻	*Chroococcus limneticus* Lemm
		易变色球藻	*Chroococcus varius*
		束缚色球藻	*Chroococcus tenax*（Kirch.）Hier
		美丽颤藻	*Oscillatoria f ormosa* Bory
		泥污颤藻	*Oscillatoria limosa* Kutz
		尖头颤藻	*Oscillatoria acutissima* Kuffrath.
		微孢绿胶藻	*Chlorogloea microcystoides*
		色球粘囊藻	*Myxosarcina chroococoides* Geitler
		萨摩亚石囊藻	*Entophysalis samoensis* Wille
		鲍氏席藻	*Phormidium bohneri* Schm.
		微小平裂藻	*Merismopedia tenuissima* Lemm
		水华鱼腥藻	*Anabaena f losaqua*
裸藻门	Euglenophyta	变异裸藻	*Euglena variabilis* Klebs
甲藻门	Pyrrophyta	不显著多甲藻	*Peridinium inconspicum* Lemm
绿藻门	Chlorophyta	微细转板藻	*Mougeotia parvala* Hass.
		水绵属	*Spirogyra* spp.

续表5-1

门类	门拉丁名	藻类名称	拉丁学名
绿藻门	Chlorophyta	月状蹄形藻	*Kirchneriella lunaris*(Kirch.)Moebus
		弯蹄形藻	*Kirchneriella contorta*(Schmidle)Bohlin
		短棘盘星藻	*Pediastrum boryanum*(Turp.Men)
		整齐盘星藻	*Pediastrum integrum* Naeg.
		肾形异形藻	*Dysmorhococcus reniformis* Wei et Hu
		具孔模糊鼓藻	*Cosmarium obsoletum* var. *sitvense*
		光滑鼓藻	*Cosmarium leave* Rab.
		三叶鼓藻	*Cosmarium trulobulatum* Reinsch.
		埃仑宽带鼓藻	*Pleurotaenium ehrenbergii*(Breb.)De Bray
		美国环棘角星藻	*Staurastrum cyclacanthum* var. *americanum* Gronbl
		中型李氏新月藻	*Closterium libellula* var. *intermedium* G.S.West
		舟形新月藻	*Closterium navicula*(Breb.)Lutk
		串珠丝藻	*Ulothrix moniliformis*
		具箭变胞藻	*Astasia sagittifera* Skuja
硅藻门	Bacillariophyta	草履波纹藻	*Cymatop leurasolea* Breb.
		整齐草履波纹藻	*Cymatop leurasolea* var. *regula* Her.
		大羽纹藻	*Pinnularia major*(Kutz.)Cleve
		北方羽纹藻	*Pinnularia borealis* Ehrenb.
		绿羽纹藻	*Pinnularia viridis*(Nitzsch)Her.
		卡式双菱藻	*Surirella capronii* Breb.
		卵形双菱藻	*Surirella ovata* Kutz

门类	门拉丁名	藻类名称	拉丁学名
硅藻门	Bacillariophyta	偏肿桥弯藻	*Cymbella ventrilosa* Kutz.
		胡斯特桥弯藻	*Cymbella hustedtii* Kutz
		埃氏桥弯藻	*Cymbella ehrenbergii* Kutz.
		小桥弯藻	*Cymbella parava*（W. Smith）
		披针形桥弯藻	*Cymbella lanceolate* Her.
		尖针杆藻	*Synedra acus* Kutz.
		尾针杆藻	*Synedra rumpens* Kutz.
		原肘状针杆藻	*Synedra ulnav arulna*（Nitz.）Her.
		细微平片针杆藻	*Synedra tabulata* var. *parvia*
		菱形藻	*Nitzachia gracilis* Hantzsch
		铲状菱形藻	*Nitzachia p aleacea* Grun
		弯菱形藻	*Nitzachia sigma* Ehrenb
		拟螺旋菱形藻	*Nitzachia sigmoidea* Kutz
		透明菱形藻	*Nitzachia vitrea* Norman
		帽形菱形藻	*Nitzachia p alea*（Kutz.）Smith
		牙状菱形藻	*Nitzachia denticula* Grun.
		纤细舟形藻	*Navicula gracilis* Ehrenb
		肠舟形藻	*Navicula gastrum* Ehrenb
		长圆舟形藻	*Navicula oblonga* Kutz.
		隐头舟形藻	*Navicula cryptocephala* Kutz.

续表 5-1

门类	门拉丁名	藻类名称	拉丁学名
硅藻门	Bacillariophyta	绿舟形藻	*Navicula viridula* Kutz
		喙舟形藻	*Navicula rhynchocephala* Kutz.
		半咸水舟形藻	*Navicula pygmaga* Kutz
		喙花舟形藻	*Navicula radiosa* Kutz.
		双头侧节藻	*Stauroneis ancepis* Ehrenb.
		紫中心侧节藻	*Stauroneis phoenicenteron* Her.
		假异端藻	*Gomphonema parvulum* Kutz
		收缢异端藻	*Gomphonema constrictum* Ehr.
		梅尼小环藻	*Cyclotella meneghiniana* Kutz
		柄卵形藻	*Cocconeis pediculus* Her.
		圆环卵形藻	*Cocconeis placentala* Ehr.
		原普通等片藻	*Diatoma vulgare* var. *vulgare*
		短普通等片藻	*Diatoma vulgare* var. *breve*(Brevis)Grunow
		念珠状等片藻	*Diatoma moniliforme* Kuetz
		中型等片藻	*Diatoma mesodon*
		蛇形美壁藻	*Caloneis amphisbaena*(Bory)Cleve
		扭曲小环藻	*Cyclotella comta* var. *paucipunctata*
		卵形双壁藻	*Diploneis ovalis*(Hilse)Cleve
		拉普兰脆杆藻	*Fragilaria lapponica* var. *lanceolata*
		装饰茧形藻	*Amphiprora ornate* Bailey.
		披针弯杆藻	*Achnanthes lanceolata*

浮游动物主要有原生动物、轮虫类、枝角类、桡足类4大类群，主要以细菌、浮游植物和其他浮游动物为食。原生动物为单细胞动物，是浮游动物中种类最多的一大类，有5个纲，分别是鞭毛纲、孢子纲、肉足纲、纤毛纲和吸管纲，其中在淡水中生活的只有肉足纲、纤毛纲和吸管纲。轮虫类是后生动物，属担轮动物门，有假体腔，绝大多数生活在淡水中。枝角类属节肢动物门甲壳纲，绝大多数生活在淡水中，春夏时节生殖力极强，一般常见于淡水水体中。桡足类也属节肢动物门甲壳纲，淡水中种类不多，但数量很大，是鱼类的重要天然饵料。

在酒泉片区浮游动物研究中，统计种类有2门84种（属），其中原生动物门72种，占总种数85.71%；原腔动物门轮虫类12种，占总种数14.29%，见表5-2。

表5-2　酒泉片区内湿地浮游动物基本信息

门	纲	种属	拉丁学名
原生动物门	植鞭纲	梨屋滴虫	*Oikomonas steinii*
		聚屋滴虫	*Oikomonas socialis*
		球状滴虫	*Monas arhabdomonas*
		聚滴虫	*Monas socialis*
		变形滴虫	*Monas amoebina*
		卵形隐滴虫	*Cryptomonas ovata*
		回转滴虫	*Cryptomonas reflexa*
		草履唇滴虫	*Chilomonas paramaecium*
		平截杯滴虫	*Goniomonas truncata*
		压缩木盾滴虫	*Thylacomonas compressa*
		中纵沟滴虫	*Tetalomonas mediocanellata*
		斜沟鞭虫	*Colponema loxodex*

续表 5-2

门	纲	种属	拉丁学名
原生动物门	植鞭纲	沟内管虫	*Entosiphon sulcatum*
		绿眼虫	*Euglena deses*
		光明眼虫	*Euglena lucens*
		带形眼虫	*Euglena ehrenbergli*
		近轴眼虫	*Euglena proxima*
		粗袋鞭虫	*Peranema trichophorum*
	动鞭纲	尾波豆虫	*Bodo caudatus*
		梨波豆虫	*Bodo edax*
		球波豆虫	*Bodo globosus*
		可变波豆虫	*Bodo variabilis*
		易变波豆虫	*Bodo mutabilis*
		卵形波豆虫	*Bodo ovatus*
	根足纲	蛞蝓囊变形虫	*Saccamoeba limax*
		蛞蝓变形虫	*Amoeba cali*
	辐足纲	放射太阳虫	*Actinophrys sol*
	动基片纲	毛板壳虫	*Coleps hirtus*
		回缩瓶口虫	*Logynophrya retractilis*
		卑怯管叶虫	*Trachelophyllum pusillum*
		智利管叶虫	*Trachelophyllum chilense*
		卵圆口虫	*Trache liusovum*
		直半眉虫	*Hemiophrys procera*

门	纲	种属	拉丁学名
原生动物门	动基片纲	肋半眉虫	*Hemiophrys pleurosigma*
		纺锤半眉虫	*Hemiophrys fusidens*
		圆形半眉虫	*Hemiophrys rotunda*
		龙骨温游虫	*Litonotus carinatus*
		僧帽斜管虫	*Chilodonella cucullulus*
		钩刺斜管虫	*Chilodonella uncinata*
		非游斜管虫	*Chilodonella aplanata*
		小轮毛虫	*Trochilia minuta*
		固着足吸管虫	*Podophrya fixa*
	寡毛纲	梨形四膜虫	*Tetrahymena priformis*
		尾草履虫	*Parameci caudatum*
		多小核草履虫	*Paramecium multimicronucleatum*
		绿草履虫	*Paramecium bursaria*
		纺锤康纤虫	*Cohnilembus fusiformis*
		椭圆斜头虫	*Loxocephalus ellipticus*
		珍珠映毛虫	*Cinetochilum margaritaceum*
		瓜形膜袋虫	*Cyclidium citrullus*
		长圆膜袋虫	*Cyclidium oblongum*
		沟钟虫	*Vorticella convallaria*
		领钟虫	*Vorticella aequilata*
		小口钟虫	*Vorticella microstoma*

续表 5-2

门	纲	种属	拉丁学名
原生动物门	寡毛纲	螅状独缩虫	*Carchesium polypinum*
		树状聚缩虫	*Zoothamnium arbuscula*
		斜短柱虫	*Rhabdostyla inclinans*
		浮游累枝虫	*Episylis rotans*
		褶累枝虫	*Epistylis plicatilis*
		小盖虫	*Opercularia*
	多膜纲	多态喇叭虫	*Stentor polymor phrus*
		大弹跳虫	*Halteria grandinella*
		粗圆纤虫	*Strongylidium crassum*
		念珠角膜虫	*Keronopsis monilata*
		纺锤全列虫	*Holosticha kessleri*
		绿全列虫	*Holosticha viridis*
		赫奕尖毛虫	*Oxytircha caudens*
		贪食后毛虫	*Opisthotricha euglenivor*
		膜状急纤虫	*Tachysoma pellionella*
		贻贝棘尾虫	*Stylonychia mytilus*
		有肋木盾纤虫	*Aspidisca costata*
		粘游仆虫	*Euplolesmuscicola*
担轮动物门	轮虫纲	红眼旋轮虫	*Philodina erythrophthalma*
		尖刺间盘轮虫	*Dissotrocha aculeata*
		尾猪吻轮虫	*Dicranophorus caudatus*

门	纲	种属	拉丁学名
担轮动物门	轮虫纲	钩状狭甲轮虫	*Colurella uncinata*
		萼花臂尾轮虫	*Brachionus calyciflorus*
		螺形龟甲轮虫	*Keratella cochlearis*
		矩形龟甲轮虫	*Keratella quadrata*
		椎尾水轮虫	*Epiphanes senta*
		月形腔轮虫	*Lecane luna*
		晶囊轮虫	*Asplanchna sp*
		高跷轮虫	*Scaridium longicadum*
		梳状疣毛轮虫	*Synchaeta pectinata*

5.2　湿地昆虫区系及特征分析

5.2.1　昆虫区系

5.2.1.1　昆虫种类组成

2023年自然资源调查共采集昆虫标本2 400余号，经鉴定共有292种昆虫，隶属于13目65科212属。其中，分布于酒泉片区内湿地的昆虫种类共计291种。具体为革翅目1科1属1种；螳螂目和缨翅目各1科2属2种；脉翅目3种（均不计算所占比例）；蜻蜓目13种，占总数的4.47%；同翅目9种，占总数的3.09%；直翅目38种，占总数的13.06%；半翅目25种，占总数的8.59%；鞘翅目87种，占总数的29.90%；鳞翅目51种，占总数的17.53%；双翅目41种，占总数的14.09%；膜翅目19种，占总数的6.53%。

表5-3　酒泉片区昆虫种类组成

目	科数	属数	种数	占总种数(%)
蜻蜓目 Odonata	3	8	13	4.47
螳螂目 Mantodea	1	2	2	—
直翅目 Orthopetera	5	21	38	13.06
革翅目 Dermaptera	1	1	1	—
半翅目 Hemiptera	7	20	25	8.59
同翅目 Homoptera	5	9	9	3.09
脉翅目 Neuroptera	2	3	3	—
鳞翅目 Lepidoptera	12	38	51	17.53
鞘翅目 Coleoptera	14	69	87	29.90
膜翅目 Hemenoptera	5	15	19	6.53
双翅目 Diptera	7	23	41	14.09
缨翅目 Thysanoptera	1	2	2	—
总计 12 目 63 科 211 属 291 种				

5.2.1.2　昆虫区系分布

区系主要属古北界中亚亚界、内蒙古河西干旱草原区、河西走廊，其区系成分以中亚耐干旱种类为主，其区系分布中东北区占57.04%，华北区占75.26%，蒙新区占94.85%，青藏区占72.51%；东洋区的西南区占42.96%，华中区占39.86%，华南区占25.43%；中国—日本—朝鲜占30.58%；中国特有种占12.71%。现依据291种昆虫的分布情况分析其区系分布概况，见表5-4。

表5-4　种级区系成分组成表

种类	古北区分布(中亚分布)				东洋区分布			东亚分布	
	东北区	华北区	蒙新区	青藏区	西南区	华中区	华南区	中—日—朝鲜	中国特有
黑纹伟蜓 *Anas nigrofasciotus*	—	+	+	+	+	—	—	—	—
碧伟蜓 *Anas parthenope*	—	+	+	+	+	+	—	+	—
红蜻 *Crocothemis seretllia*	+	+	+	+	+	+	—	+	—
白尾灰蜻 *Orthetrum albistylum*	+	+	+	+	+	+	+	+	—
黄蜻 *Pantola floeeseens*	+	+	+	+	+	+	+	+	—
夏赤蜻 *Sympetrum daruinianum*	+	+	+	+	+	+	+	+	—
秋赤蜻 *Sympetrwm frequens*	+	+	+	+	+	—	—	+	—
赤蜻 *Sympetrum speciosumn*	+	+	+	+	+	—	—	+	—
心斑绿蟌 *Enallagma cyathiferus*	+	+	+	—	—	—	—	+	—
长叶异痣蟌 *Ischnura elegans*	+	+	+	—	—	—	—	+	—
蓝壮异痣蟌 *Ischnura pumilio*	—	+	+	+	+	—	—	—	—
黑背尾蟌 *Paracercion melanotum*	+	+	+		+	+	+	+	—
豆娘 *Enollagma deserti eirculatum*	+	+	+	+	+	+	—	+	—

101

续表 5-4

种类	古北区分布（中亚分布）				东洋区分布			东亚分布	
	东北区	华北区	蒙新区	青藏区	西南区	华中区	华南区	中—日—朝鲜	中国特有
薄翅螳螂 *Mantis religiosa*	+	+	+	+	+	+	+	+	—
宽腹螳螂 *Hiereodula patellifera*	+	+	+	+	+	+	+	+	—
东方蝼蛄 *Gryllotalpa orientalis*	+	+	+	—	+	+	—	+	—
华北蝼蛄 *Gryllotalpa unispina*	+	+	+	+	+	+	—	+	—
准噶尔贝蝗 *Beybienkia songorica*	—	—	+	—	—	—	—	—	+
黑翅束颈蝗 *Sphingonotusobscuratus*	—	—	+	—	—	—	—	—	—
青海短鼻蝗 *Filchnerella kukunoris*	—	—	+	+	—	—	—	—	—
祁连山短鼻蝗 *Filchnerella qilianshana*	—	—	+	+	—	—	—	—	—
裴氏垣鼻蝗 *Filchnerella beicki*	—	—	+	+	+	—	—	—	—
笨蝗 *Hfaplotropis brunneriana*	—	+	+	+	+	—	—	—	—
中华蚱蜢 *Acrida cinerea*	+	+	+	+	+	+	+	+	—
荒地蚱蜢 *Acrida oxycephala*	—	+	+	—	+	—	—	—	—
锥头蝗 *Pyergomorpha conica deserti*	—	—	+	—	—	—	—	—	—

种类	古北区分布（中亚分布）				东洋区分布			东亚分布	
	东北区	华北区	蒙新区	青藏区	西南区	华中区	华南区	中—日—朝鲜	中国特有
宽须蚁蝗 *Myrmeleotettix palpalis*	—	+	+	+	+	—	—	—	—
红翅瘤蝗 *Dericorys annulata roseipennis*	+	+	+	—	—	+	—	—	—
短星翅蝗 *Calliptamus abbreoiotus*	—	—	+	+	+	—	—	—	—
大垫尖翅蝗 *Epocromius coernlipes*	—	—	+	+	—	—	—	—	—
大胫刺蝗 *Compsorhipis dawidiana*	—	+	+	+	—	—	—	—	—
盐池束颈蝗 *Sphingonotus yenchinensis*	+	—	+	+	—	—	—	—	—
宇夏束颈蝗 *Sphingonotus ningsianus*	—	—	+	+	—	—	—	—	—
岩石束颈蝗 *Sphingonotus nebulosus nebulosus*	—	—	+	+	—	—	—	—	—
黑翅束颈蝗 *Sphingonotus obscuratus latissimus*	—	—	+	+	—	—	—	—	—
黄胫束颈蝗 *Sphingonotus sawignyi*	—	—	+	+	—	—	—	—	—
祁连山痂蝗 *Bryodcma qiliauhanensis*	—	—	+	+	—	—	—	—	—

续表5-4

种类	古北区分布(中亚分布)				东洋区分布			东亚分布	
	东北区	华北区	蒙新区	青藏区	西南区	华中区	华南区	中—日—朝鲜	中国特有
青海瘫蝗 *Bryodema mironoe miramae*	—	—	+	+	—	—	—	—	—
尤氏瘌蝗 *Bryodemella uvarooi*	—	—	+	+	—	—	—	—	—
白边痂蝗 *Bryodema luctuosum luetuosum*	—	—	+	+	—	—	—	—	—
黄胫异痂蝗 *Bryodemella holdereri holdereri*	—	—	+	+	—	—	—	—	—
轮纹痂蝗 *Bryodemella tuberculatum dilutum*	—	—	+	+	—	—	—	—	—
祁连山蚍蝗 *Eremippus qiliaruharensis*	—	—	+	+	—	—	—	—	—
亚洲飞蝗 *Locusta migratoria migratoria*	+	+	+	+	+	+	—	+	—
红腹牧草蝗 *Omoeestus haemorrhoidalis*	—	—	+	+	—	—	—	—	—
中华雏蝗 *Chorppus ehinensis*	—	+	+	+	+	—	—	—	—
白纹雏蝗 *Chorthippus albonemus*	—	—	+	+	—	—	—	—	—
楼观雏蝗 *Chorthippus Louguorensis*	—	+	+	+	+	—	—	—	—

104

种类	古北区分布(中亚分布)				东洋区分布			东亚分布	
	东北区	华北区	蒙新区	青藏区	西南区	华中区	华南区	中—日—朝鲜	中国特有
赤翅蝗 *Celes skalozuboui*	—	+	+	+	+	—	—	—	—
亚洲小车蝗 *Oedaleus decorus astatieus*	—	+	+	+	+	—	—	+	—
黑条小车蝗 *Oedaleus decorus decorus*	—	—	+	+	—	—	—	—	—
黄胫小车蝗 *Oedaleus infernalis*	—	—	+	+	—	—	—	—	—
宽翅曲背蝗 *Parareyptera microptera meridionalis*	—	—	+	+	—	—	—	—	—
蠼螋 *Labidura riparia*	+	+	+	+	+	—	—	+	—
花蓟马 *Frankliniella intonsa*	—	—	—	—	+	+	+	+	—
烟蓟马 *Thrips tabaci*	+	+	+	—	+	+	+	+	—
草蝉 *Mogannia conica*	+	—	+	+	+	—	—	—	—
褐山蝉 *Leptopsalta fuscoclavalis*	—	—	+	+	+	—	—	—	—
冰草麦蚜 *Diuraphis*(*Hocaphis*) *agropyronophaga*	—	—	+	—	—	—	—	—	+
大青叶蝉 *Cicadella viridis*	+	+	+	+	+	+	+	+	—

续表5-4

种类	古北区分布(中亚分布)				东洋区分布			东亚分布	
	东北区	华北区	蒙新区	青藏区	西南区	华中区	华南区	中—日—朝鲜	中国特有
六点叶蝉 *Macrosteles sexnotatus*	—	—	—	—	—	+	—	—	+
条纹二室叶蝉 *Balclutha tiaowenae*	—	—	—	—	—	+	—	—	+
灰飞虱 *Laodelphax striatellus*	+	+	+	+	+	+	+	—	—
芦苇长突飞虱 *Stenocraus matsumurai*	+	+	+	—	—	+	+	+	—
黑圆角蝉 *Gargara genistae*	+	+	+	+	—	—	—	—	+
短壮异蝽 *Urochela falloui*	—	+	+	—	—	—	—	—	+
淡娇异蝽 *Urostylis yangi*	—	+	—	—	+	—	—	—	—
点伊缘蝽 *Rhopalus latus*	+	+	+	+	—	—	—	—	—
闭环缘蝽 *Stictopleurus viridicatus*	+	+	+	—	—	—	—	—	—
苜蓿盲蝽 *Adelphocois lineolatus*	+	+	+	—	+	+	+	—	—
榆毛翅盲蝽 *Blepharidopterus ulmicola*	—	—	+	—	—	—	—	—	—
杂毛合垫盲蝽 *Orthotylus(Melanotrichus) flavosparsus*	—	+	+	—	+	+	+	—	—

种类	古北区分布（中亚分布）				东洋区分布			东亚分布	
	东北区	华北区	蒙新区	青藏区	西南区	华中区	华南区	中—日—朝鲜	中国特有
绿狭盲蝽 *Stenodema virens*	—	+	+	—	—	—	—	+	—
东亚果蝽 *Carpocoris seidenstueckeri*	+	+	+	—	—	—	—	+	—
西北麦蝽 *Aelia sibirica*	+	+	+	—	—	+	—	+	—
斑须蝽（细毛蝽） *Dolycoris baccarum*	+	+	+	—	—	+	+	+	—
巴楚菜蝽 *Eurydema wilkinsi*	—	+	+	—	—	—	—	—	—
菜蝽 *Eurydema dominulus*	—	+	+	—	—	—	—	—	—
茶翅蝽 *Halyomorpha picus*	+	+	+	+	+	+	—	+	—
凹肩辉蝽 *Carbula sinica*	+	+	+	+	+	+	+	+	—
紫翅果蝽 *Carpocoris purpureipennis*	+	+	+	+	—	—	—	+	—
短直同蝽 *Elasmostethus brevis*	+	+	+	—	—	—	—	+	—
背匙同蝽 *Elasmucha dorsalis*	+	+	+	—	—	—	—	—	—
匙同蝽 *Elasmucha ferrugata*	+	+	+	—	—	+	—	+	—
灰匙同蝽 *Elasmucha grisea*	+	+	+	—	—	+	—	+	—

续表5-4

种类	古北区分布（中亚分布）				东洋区分布			东亚分布	
	东北区	华北区	蒙新区	青藏区	西南区	华中区	华南区	中—日—朝鲜	中国特有
板同蝽 *Platacantha armifer*	—	+	—	—	—	+	—	+	—
拟方红长蝽 *Lygaeus oreophilus*	+	+	+	+	+	—	—	—	—
红脊长蝽 *Tropidothorax elegans*	+	+	+	—	—	—	—	—	—
小长蝽 *Nysius ericae*	+	+	+	+	—	—	—	—	—
邻小花蝽 *Orius vicinus*	—	—	+	—	—	—	—	—	—
直脉啮粉蛉 *Conwentzia orthotibia*	+	+	+	+	+	+	+	—	+
广重粉蛉 *Semidalis aleyrodiformis*	+	+	+	+	+	+	+	+	—
丽草蛉 *Chrysopa formosa*	+	+	+	+	+	+	+	+	—
二星瓢虫 *Adalia bipunctata*	+	+	+	+	+	+	+	+	—
红点唇瓢虫 *Chilocorus kuwanae*	+	+	+	+	+	+	+	+	—
七星瓢虫 *Coccinella septempunctata*	+	+	+	+	+	+	+	+	—
华日瓢虫 *Coccinella ainu*	—	+	+	+	+	+	—	+	—
横斑瓢虫 *Coccinella transversoguttata*	—	+	+	—	+	+	+	—	—

种类	古北区分布（中亚分布）				东洋区分布			东亚分布	
	东北区	华北区	蒙新区	青藏区	西南区	华中区	华南区	中—日—朝鲜	中国特有
双七瓢虫 *Coccinula quatuordecimpustulata*	+	+	+	+	+	+	—	+	—
四斑毛瓢虫 *Scymnus frontalis*	—	+	+	+	+	+	—	—	+
十四星裸瓢虫 *Calvia quatuordecimguttata*	+	+	+	+	+	+	—	+	—
菱斑巧瓢虫 *Oenopia conglobata*	+	+	+	+	+	+	+	+	—
十二斑巧瓢虫 *Oenopia bissexnotata*	+	+	+	+	+	+	—	+	—
多异瓢虫 *Hippodamia variegate*	+	+	+	+	+	+	—	+	—
异色瓢虫 *Harmonia axyridis*	+	+	+	+	+	+	+	+	—
杨蓝叶甲 *Agelastica alni*	—	+	+	+					
蒿金叶甲 *Chrysolina（Anopachys）aurichalcea*	+	+	+	—	+	+	+	+	—
柳圆叶甲 *Plagiodera versicolora*	+	+	+						
杨叶甲 *Chrysomela populi*	+	+	+	+	—	—	—	—	—

续表 5-4

种类	古北区分布（中亚分布）				东洋区分布			东亚分布	
	东北区	华北区	蒙新区	青藏区	西南区	华中区	华南区	中—日—朝鲜	中国特有
红柳粗角萤叶甲 *Diorhabda elongata deserticola*	—	—	+	+	—	—	—	—	+
跗粗角萤叶甲 *Diorhabda tarsalis*	+	+	+	—	+	+	+	—	—
褐背小萤叶甲 *Galerucella grisescens*	+	+	+	—	+	+	+	+	—
榆绿毛萤叶甲 *Pyrhalta aenescens*	+	+	+	+	—	—	—	—	—
榆黄毛萤叶甲 *Pyrrhalta maculcollis*	+	+	+	+	—	—	—	—	—
细毛萤叶甲 *Pyrrhalta tenella*	—	+	+	+	—	+	—	—	—
多脊萤叶甲 *Galeruca vicina*	+	+	+	+	—	—	—	+	—
阔胫萤叶甲 *Pallasiola absinthii*	+	+	+	+	+	+	+	+	—
八斑隶萤叶甲 *Liroetis octopunctata*	—	+	+	+	+	+	—	—	—
胡枝子克萤叶甲 *Cneorane violaceipennis*	+	+	+	+	—	—	—	+	—
隐头蚤跳甲 *Pyliodes eullala*	—	+	+	+	—	+	—	—	—
油菜蚤跳甲 *Psylliodes punctifrons*	+	+	+	+	+	+	+	+	—

种类	古北区分布（中亚分布）				东洋区分布			东亚分布	
	东北区	华北区	蒙新区	青藏区	西南区	华中区	华南区	中—日—朝鲜	中国特有
筒凹胫跳甲 *Chaetocnema cylindrica*	—	+	+	+	+	+	+	+	—
蚤凹胫跳甲 *Chaetocnema tibialis*	—	+	+	+	+	+	—	+	—
枸杞毛跳甲 *Epitix abeillei*	—	+	+	+	—	—	—	+	—
柳沟胸跳甲 *Crepidodera pluta*	+	+	+	+	—	—	—	+	—
蓟跳甲 *Altica cirsicola*	+	+	+	+	+	+	+	+	—
月见草跳甲 *Altica oleracea*	—	+	+	+	+	+	+	+	—
柳苗跳甲 *Altica tweisei*	+	+	+	+	—	—	—	+	—
粘虫步甲 *Carabus granulates telluris*	+	+	+	+	—	—	—	+	—
大塔步甲 *Taphoxenus gigas*	—	+	+	+	—	—	—	—	—
花猛步甲 *Cymindis picta*	—	+	+	+	—	—	—	—	—
谷婪步甲 *Harpalus calceatus*	+	+	+	+	+	+	+	—	—
红缘婪步甲 *Harpalus froelichii*	+	+	+	+	+	+	+	—	—
点翅暗步甲 *Amara majuscula*	+	+	+	+	—	—	—	—	—

续表5-4

种类	古北区分布(中亚分布)				东洋区分布			东亚分布	
	东北区	华北区	蒙新区	青藏区	西南区	华中区	华南区	中一日一朝鲜	中国特有
麦穗斑步甲 *Anisodactylus signatus*	+	+	+	+	+	+	+	—	—
月斑虎甲 *Cicindela lunulata*	+	+	+	+	+	+	—	—	—
西里塔隐翅甲 *Tasgius praetorius*	—	+	+	+	—	—	—	—	—
皱亡葬甲 *Thanatophilus rugosus*	+	+	+	+	+	+	+	—	—
滨尸葬甲 *Necrodes littoralis*	+	+	+	+	—	—	—	—	—
墨黑覆葬甲 *Nicrophorus morio*	—	+	+	+	—	—	—	—	—
黑缶葬甲 *Phosphuga atrata*	+	+	+	+	+	—	—	—	—
宽卵阎甲 *Dendrophilus xavieri*	+	+	+	+	+	+	+	+	—
谢氏阎甲 *Hister sedakovi*	+	+	+	+	+	+	—	—	—
光滑卵漠甲 *Ocnera sublaevigata*	—	+	+	+	—	—	—	—	—
何氏胖漠甲 *Trigonoscelis holdereri*	—	+	+	+	—	—	—	—	+
莱氏脊漠甲 *Pterocoma* (*Mongolopterocoma*)*reittert*	+	+	+	+	—	—	—	—	—

种类	古北区分布（中亚分布）				东洋区分布			东亚分布	
	东北区	华北区	蒙新区	青藏区	西南区	华中区	华南区	中—日—朝鲜	中国特有
半脊漠甲 *Pterocoma（Mesopterocoma）semicarinata*	—	+	+	+	—	—	—	—	—
细长琵甲 *Blaps（Blaps）oblonga*	—	+	+	+	—	—	—	—	—
戈壁琵甲 *Blaps（Blaps）gobiensis*	—	+	+	+	—	—	—	—	—
狭窄琵甲 *Blaps（Blaps）virgo*	—	+	+	+	—	—	—	—	+
黑足双刺甲 *Bioramix picipes*	—	+	+	+	—	—	—	—	—
尖尾琵甲 *Blaps acuminate*	+	+	+	+	—	—	—	—	—
福氏胸鳖甲 *Colposcelis（Scelocolpis）forsteri*	—	+	+	+	—	—	—	—	+
磨光东鳖甲 *Anatolica polita*	+	+	+	+	—	—	—	—	+
宽颈小鳖甲 *Microdera Microdera laticollis*	—	+	+	+	—	—	—	—	+
无齿隐甲 *Crypticus（Crypticus）nondentatus*	+	+	+	+	—	—	—	—	+
黑足双刺甲 *Bioramix picipes*	+	+	+	+	—	—	—	—	—

续表5-4

种类	古北区分布（中亚分布）				东洋区分布			东亚分布	
	东北区	华北区	蒙新区	青藏区	西南区	华中区	华南区	中—日—朝鲜	中国特有
烁光双刺甲 *Bioramix micans*	+	+	+	+	—	—	—	—	+
蒙古伪坚土甲 *Scleropatrum mongolicum*	+	+	+	+	—	—	—	—	+
吉氏笨土甲 *Penthicus（Myladion）kiritshenkoi*	+	+	+	+	—	—	—	—	+
中华砚甲 *Cyphogenia（Cyphogenia）chinensis*	+	+	+	+	—	—	—	—	+
细胸叩头甲 *Agriotes subvittatus fuscicollis*	+	+	+	+	+	+	+	+	—
粪堆粪金龟 *Geotrupes stercorarius*	+	+	+	+	—	—	—	—	+
尸体皮金龟 *Trox cadaverinus cadaverinus*	+	+	+	+	+	+	—	—	—
迟钝蜉金龟 *Acanthobodilus languidulus*	—	+	+	+	+	+	+	+	—
血斑蜉金龟 *Otophorus haemorrhoidalis*	—	+	+	+	+	+	—	+	—
后蜉金龟 *Aphodius（Teuchestes）analis*	—	+	+	+	—	+	+	+	—
福婆鳃金龟 *Brahmina faldermanni*	+	+	+	+	—	—	—	—	—

种类	古北区分布(中亚分布)				东洋区分布			东亚分布	
	东北区	华北区	蒙新区	青藏区	西南区	华中区	华南区	中—日—朝鲜	中国特有
黑绒金龟 *Maladera orientalis*	+	+	+	+	+	+	+	+	—
甘肃齿足象 *Deracanthus potanini*	—	+	+	+	—	—	—	—	—
杨卷叶象 *Byctiscus populi*	+	+	+	+	—	—	—	—	—
金绿树叶象 *Phyllobius virideaeris*	+	+	+	—	—	—	—	—	—
西伯利亚绿象 *Chlorophanus sibiricus*	+	+	+	+	—	—	—	—	—
红背绿象 *Chlorophanus solaria*	+	+	+	+	—	—	—	—	—
黑斜纹象 *Bothynoderes declivis*	+	+	+	+	—	—	—	—	—
二斑尖眼象 *Chromonotus bipunctatus*	+	+	+	+	—	—	—	—	—
欧洲方喙象 *Cleonus pigra*	+	+	+	+	+	—	—	—	—
黑长体锥喙象 *Temnorhinus verecundus*	—	+	+	—	—	—	—	—	+
粉红锥喙象 *Conorhynchus pulverulentus*	—	+	+	+	—	—	—	—	—
英德齿足象 *Deracanthus inderiensis*	—	—	+	—	—	—	—	—	—
甜菜象 *Asproparthenis punctiventris*	+	+	+	—	—	—	—	—	—

续表5-4

种类	古北区分布（中亚分布）				东洋区分布			东亚分布	
	东北区	华北区	蒙新区	青藏区	西南区	华中区	华南区	中—日—朝鲜	中国特有
绢粉蝶 *Aporia crataegi*	＋	＋	＋	＋	＋	＋	－	－	－
箭纹绢粉蝶 *Aporia procris*	－	－	＋	＋	＋	＋	－	－	－
红襟粉蝶 *Anthocharis cardamines*	＋	＋	＋	＋	＋	＋	－	－	－
皮氏尖襟粉蝶 *Anthocharis bieti*	－	－	＋	＋	＋	＋	－	－	＋
曙红豆粉蝶 *Colias eogene*	－	－	＋	＋	－	－	－	－	－
斑缘豆粉蝶 *Colias erate*	＋	＋	＋	＋	＋	＋	＋	－	－
橙黄豆粉蝶 *Colias fieldi*	－	＋	＋	＋	＋	＋	＋	－	－
迷黄粉蝶 *Golias hyale*	－	－	＋	＋	－	－	－	－	－
豆黄纹粉蝶 *Colias erate poliographus*	＋	＋	＋	＋	－	－	－	－	＋
妹粉蝶 *Mesapia peloria*	－	－	＋	＋	－	－	－	－	＋
菜粉蝶 *Pieris rapae*	＋	＋	＋	＋	＋	＋	＋	－	－
东方菜粉蝶 *Pieris canidia*	＋	＋	＋	＋	＋	＋	＋	－	－
欧洲粉蝶 *Pieris brassicae*	＋	＋	＋	＋	＋	＋	＋	－	－

种类	古北区分布（中亚分布）				东洋区分布			东亚分布	
	东北区	华北区	蒙新区	青藏区	西南区	华中区	华南区	中—日—朝鲜	中国特有
云斑粉蝶 *Pontia daplidce*	+	+	+	+	—	—	—	—	—
云粉蝶 *Pontia edusa*	+	+	+	+	+	+	+	—	—
光珍眼蝶 *Coenoaympha amaryilis*	+	+	+	+	—	—	—	—	—
柳紫闪蛱蝶 *Apatura ilia*	+	+	+	+	—	—	—	—	—
荨麻蛱蝶 *Vanessa urficae*	+	+	+	+	—	—	—	—	—
小红蛱蝶 *Pyrameis cardui*	—	+	+	+	+	+	+	—	—
老豹蛱蝶 *Argynnis laodlce*	—	+	+	+	—	—	+	—	—
灿豹蝶 *Argynnis adippe*	—	+	+	+	—	—	—	—	—
蓝灰蝶 *Everes argiades*	—	+	+	+	+	+	+	+	—
豆灰蝶 *Plebejus argus*	+	+	+	+	—	—	—	+	—
甘肃豆灰蝶 *Plebejus ganaauensis*	—	+	+	+	+	+	—	—	+
傲灿灰蝶 *Agriadea orbona*	—	+	+	+	+	+	—	—	+
灿灰蝶 *Agriades pheretiades*	—	+	+	+	+	+	—	—	+

续表 5-4

种类	古北区分布(中亚分布)				东洋区分布			东亚分布	
	东北区	华北区	蒙新区	青藏区	西南区	华中区	华南区	中—日—朝鲜	中国特有
白薯天蛾 Herse convolvuli	—	+	+	+	+	+	+	—	—
蓝目天蛾 Smerithus planus	+	+	+	+	—	—	—	—	—
沙枣尺蠖 Apochemia cinerarius	—	+	+	—	—	—	—	—	+
细线青尺蛾 Geometra neovalida	—	—	+	—	—	—	—	—	—
华丽毛角尺蛾 Myrioblephara decoraria	—	+	—	—	+	—	—	—	—
沙枣台毒蛾 Teia prisca	—	—	+	—	—	—	—	—	—
棉田柳毒娥 Stilpnotia salicis	+	+	+	—	+	+	—	—	—
白斑木蠹蛾 Catopta albonubilus	+	+	+	+	—	—	—	—	—
杨木蠹蛾 Cossus cossus orientalis	+	—	+	+	—	—	—	—	—
胡杨木蠹蛾 Holeocerus consobrinus	—	—	+	+	—	—	—	+	—
榆木蠹蛾 Holcocerus vicarius	+	+	+	—	—	—	—	—	+
青海草蛾 Ethmia nigripedella	+	+	+	+	—	—	—	—	—
小菜蛾 Plutella xylostella	+	+	+	+	+	+	+	+	—

种类	古北区分布(中亚分布)				东洋区分布			东亚分布	
	东北区	华北区	蒙新区	青藏区	西南区	华中区	华南区	中—日—朝鲜	中国特有
亚洲窄纹卷蛾 *Stenodes asiana*	+	+	+	+	—	—	—	—	—
尖瓣灰纹卷蛾 *Cochylidia richteriana*	+	+	+	—	—	—	—	—	—
菊云卷蛾 *Cnephasia chrysantheana*	+	—	+	+	—	—	—	+	—
雅山卷蛾 *Eana osseana*	—	—	+	+	—	—	—	—	—
香草小卷蛾 *Celypha cespitana*	+	+	+	+	+	—	—	+	—
杨叶小卷蛾 *Epinotia nisella*	+	—	+	+	—	—	—	+	—
杨柳小卷蛾 *Gypsonoma minutana*	—	+	+	—	—	—	—	—	—
伪柳小卷蛾 *Gypsonoma oppressana*	—	—	+	—	—	—	—	+	—
米缟螟 *Aglossa dimidiata*	+	+	+	+	+	+	+	—	—
麦穗夜蛾 *Apamea sordens*	+	+	+	+	—	—	—	—	—
粘虫 *Pseudaletia separata*	+	+	+	+	+	+	—	—	—
草地螟 *Loxostege sticticalis*	+	+	+	—	—	—	—	+	—
黑尾熊蜂 *Bombus melanurus*	—	+	+	+	—	+	—	—	—

续表5-4

种类	古北区分布(中亚分布)				东洋区分布			东亚分布	
	东北区	华北区	蒙新区	青藏区	西南区	华中区	华南区	中—日—朝鲜	中国特有
昆仑熊蜂 *Bombus keriensis*	—	—	+	+	—	—	—	—	—
亚西伯熊蜂 *Bombus*(*Sibiricobombus*) *asiaticus*	—	—	+	+	—	—	—	+	—
双点曲脊姬蜂 *Apophua bipunctoria*	+	—	+	+	—	—	—	+	—
喀美姬蜂 *Meringopus calescens*	—	+	+	+	—	+	—	—	—
坡美姬蜂 *Meringopus calescens* *persicus*	—	—	+	—	—	—	—	—	—
杨蛀姬蜂 *Schreineria populnea*	+	+	+	—	—	—	—	—	—
矛木卫姬蜂 *Xylophrurus lancifer*	+	+	+	—	—	—	—	—	—
杨兜姬蜂 *Dolichomitus populneus*	+	+	+	+	—	—	—	—	—
具瘤爱姬蜂 *Exeristes roborator*	+	+	+	—	—	—	—	+	—
舞毒蛾瘤姬蜂 *Pimpla disparis*	+	+	+	+	+	—	—	+	—
红足瘤姬蜂 *Pimpla rufipes*	+	+	+	+	—	—	—	+	—
赤腹深沟茧蜂 *lphiaulax impostor*	+	+	+	—	—	—	—	+	—

种类	古北区分布（中亚分布）				东洋区分布			东亚分布	
	东北区	华北区	蒙新区	青藏区	西南区	华中区	华南区	中—日—朝鲜	中国特有
长尾深沟茧蜂 *Iphiaulax mactator*	+	+	+	—	+	+	—	—	—
长尾皱腰茧蜂 *Rhysipolis longicaudatus*	—	—	—	—	+	—	—	—	—
双色刺足茧蜂 *Zombrus bicolor*	+	+	+	+	+	+	+	—	—
古毒蛾长尾啮小蜂 *Aprostocetus orgyiae*	—	—	—	—	—	+	—	—	—
东方壮并叶蜂 *Jermakia sibirica*	+	+	+	—	—	+	+	—	—
方项白端叶蜂 *Tenthredo ferruginea*	+	+	+	+	+	+	+	—	—
淡色库蚊 *Culex pipiens pallens*	+	+	+	+	+	+	+	+	—
迷走库蚊 *Culex vagans*	+	+	+	+	+	+	+	—	—
三带喙库蚊 *Culex tritaeniorhynchus*	+	+	+	+	+	+	+	—	+
凶小库蚊 *Culex modestus*	+	+	+	+	+	+	—	—	—
背点伊蚊 *Aedes dorsalis*	+	+	+	—	—	+	+	—	—
刺扰伊蚊 *Aedes vexans*	+	+	+	+	+	+	+	—	—
里海伊蚊 *Aedes caspius*	—	—	+	+	—	—	—	—	—

续表5-4

种类	古北区分布(中亚分布)				东洋区分布			东亚分布	
	东北区	华北区	蒙新区	青藏区	西南区	华中区	华南区	中—日—朝鲜	中国特有
黄背伊蚊 *Aedes flavidorsalis*	—	—	+	+	—	—	—	—	—
刺螯伊蚊 *Aedes punctor*	+	—	+	—	—	—	—	—	—
屑皮伊蚊 *Aedes detritus*	—	—	+	+	—	—	—	—	—
丛林伊蚊 *Aedes cataphylla*	+	—	+	—	—	—	—	—	—
阿拉斯加脉毛蚊 *Culiseta alaskaensis*	+	—	+	+	—	—	—	+	—
银带脉毛蚊 *Culiseta niveitaeniata*	+	+	+	+	—	—	—	—	—
骚花蝇 *Anthomyia procellaris*	+	+	+	—	—	—	—	+	—
葱地种蝇 *Delia antiqua*	+	+	+	+	+	+	+	—	+
灰地种蝇 *Delia platura*	+	+	+	+	+	+	+	—	+
灰宽颊叉泉蝇 *Eutrichota(Arctopegomyia)* *pallidoldtigena*	—	—	+	—	—	—	—	—	+
粉腹阴蝇 *Hydrophoria divisa*	—	—	—	—	+	+	—	—	—
白头阴蝇 *Hydrophoria albiceps*	—	—	—	—	+	+	—	—	—

种类	古北区分布(中亚分布)				东洋区分布			东亚分布	
	东北区	华北区	蒙新区	青藏区	西南区	华中区	华南区	中—日—朝鲜	中国特有
阿克赛泉蝇 *Pegomya aksayensis*	—	—	—	—	—	—	+	—	+
双色泉蝇 *Pegomya bicolor*	—	—	—	—	—	—	+	—	—
社栖植蝇 *Leucophora sociata*	—	—	—	—	—	—	+	—	+
绿麦秤蝇 *Meromyza saltatrix*	—	—	—	—	—	—	+	—	+
细茎潜叶蝇 *Agromyza cinerascens*	—	—	—	—	—	—	+	—	—
家蝇 *Musca domestica*	+	+	+	+	+	+	+	+	—
丝光绿蝇 *Lucilia sericata*	+	+	+	+	+	+	+	+	—
大头金蝇 *Chrysomya megacephala*	+	+	+	+	+	+	+	+	—
红尾拉麻蝇 *Ravinia striata*	+	+	+	+	+	+	—	—	—
迷追寄蝇 *Exorista mimula*	+	+	+	+	+	+	—	—	—
广斑虻 *Chrysops vanderwulpi*	+	+	+	+	+	+	—	—	—
玛斑虻 *Chrysops makerovi*	+	+	+	+	+	+	+	+	—
土麻虻 *Haematopota turkestanica*	+	—	+	—	—	—	—	—	—

续表5-4

种类	古北区分布(中亚分布)				东洋区分布			东亚分布	
	东北区	华北区	蒙新区	青藏区	西南区	华中区	华南区	中—日—朝鲜	中国特有
苍白麻虻 *Haematopota pallens*	+	+	+	+	—	—	—	—	—
斜纹黄虻 *Atylotus karybenthinus*	—	—	+	—	—	—	—	—	+
黑带瘤虻 *Hybomitra expollicata*	+	+	+	—	—	—	—	—	—
灰股瘤虻 *Hybomitra zaitzevi*	—	+	+	+	+	+	—	—	—
哈什瘤虻 *Hybomitra kashgarica*	—	—	+	—	—	—	—	—	—
里虻 *Tabanus leleani*	+	+	+	—	+	—	—	—	—
基虻 *Tabanus zimini*	—	—	+	—	—	—	—	—	—
共计291种	166	219	276	211	125	116	74	89	37

5.2.2 昆虫区系特征

从表5-4中可以看出种级的分布范围，依据分布范围可以分析该区的昆虫区系情况。酒泉片区昆虫区系主要以荒漠、戈壁及部分湿地昆虫区系为主，古北区种类占有绝对优势，东洋区种类被大部分农田种类所占据。这一点与荒漠植被区系大体类似。

古北界和东洋界在我国东部的分界线问题上，根据甘肃省现有标本的分析和认识，本书倾向于界线偏南的主张，即主张二界之间的界线与中国动物地理区划中的华中、西南二区与华南之间的界线，即北纬25度秦岭北坡的界线和中国植物地理区划中的泛北极植物区与古热带植物区的界线大体相当。

按照这一观点,将该区的昆虫区系划分为以下几个区系。

5.2.2.1　古北区种

系指典型古北区范围内或全北区范围内分布的属,即除中国分布外,向国外分布于古北区的西伯利亚、中亚、西亚、北亚、欧洲、北非及新北区的北美洲等地区,或其中某些地区。甘肃的古北区范围主要包括秦岭以北的宕昌、西河、礼县以北的地区,酒泉片区亦属于古北区范围内,该区的古北区共包括4个亚区:东北区166种,占总数292种的56.85%;华北区219种,占总数的75.00%;蒙新区277种,占总数的94.86%;青藏区211种,占总数的72.26%。其中,蒙新区、华北区和东北区是酒泉片区昆虫区系分布的优势成分。

5.2.2.2　东洋区种

系指典型东洋区范围内分布的种类,即除中国分布外,向南分布于越南、老挝、缅甸、菲律宾、印尼等东南亚地区,以及锡金、尼泊尔、印度、斯里兰卡等热带地区或其中某些地区。本区的东洋区包括3个亚区:西南区125种,占总数291种的42.96%;华中区116种,占总数的39.86%;华南区74种,占总数的25.43%。东洋区在酒泉片区分布的种类应该是通过境内外地区间的贸易进出携带传播过来的,再者就是气候的变化使得部分南方的种类逐渐向北迁移,致使东洋区的种类逐年增加。

5.2.2.3　中国—日本—朝鲜分布种

系指除中国分布外,向东扩及朝鲜、日本的种类,该区共有89种,占总种数的30.48%。

5.2.2.4　中国特有种

系指仅限中国国内分布,尚无国外分布报道的种类,是某种意义上的中国特有种。该区共包括37种,占总数的12.71%。

5.2.3　昆虫区系分析

5.2.3.1　古北区(中亚)区系

酒泉片区地处青藏高原北缘,祁连山脉西端,地形地貌多样,地势由西南向东北倾斜。酒泉片区横跨河西、柴达木两大内流水系,是甘肃河西走廊第二大内陆河疏勒河及其主要支流党河、野马河、榆林河、石油河的发源地，也是苏干湖流域主要河流大、小哈尔腾河的发源地。河水出山后湮没在山前倾斜戈壁，在河流沿岸形成河流湿地。该片区是古北界与东北亚界昆虫种群相互渗透的过渡地带。而这些昆虫又主要分布于中亚地区，尤其是干旱荒漠环境。主要昆虫代表种有准噶尔贝蝗（*Beybienkia songorica*）、日本蚱（*Tetrix japomca*）、长翅长背蚱（*Paratettix uvarovi*）、八纹束颈蝗（*Sphingonotus octofasciatus*）、蒙古痂蝗（*Bryode mongolicum*）、锥头蝗（*Pyergomorpha conica deserti*）、冰草麦蚜（*Diuraphis*〔*Hocaphis*〕*agropyronophaga*）、黑头麦腊蝉（*Oliarus apicalis*）、短壮异蝽（*Urochela falloui*）、闭环缘蝽（*Stictopleurus viridicatus*）、榆毛翅盲蝽（*Blepharidopterus ulmicola*）、绿狭盲蝽（*Stenodema virens*）、东亚果蝽（*Carpocoris seidenstueckeri*）、紫翅果蝽（*Carpocoris purpureipenni*）、邻小花蝽（*Orius vicinus*）、李斑唇瓢虫（*Chilocorus geminus*）、红柳粗角萤叶甲（*Diorhabda elongata deserticola*）、跗粗角萤叶甲（*Diorhabda tarsalis*）、细毛萤叶甲（*Pyrrhalta tenella*）、阔胫萤叶甲（*Pallasiola absinthii*）、八斑隶萤叶甲（*Liroetis octopunctata*）、隐头蚤跳甲（*Pyliodes eullala*）、枸杞毛跳甲（*Epitix abeillei*）、柳苗跳甲（*Altica tweisei*）、粘虫步甲（*Carabus granulatus telluris*）、大塔步甲（*Taphoxenus gigas*）、花猛步甲（*Cymindis lineata*）、点翅暗步甲（*Amara majuscul*）、麦穗斑步甲（*Anisodactylus signatus*）、西里塔隐翅甲（*Tasgius praetorius*）、墨黑覆葬甲（*Necroborus morio*）、黑缶葬甲（*Phosphuga atrata*）、谢氏阎甲（*Hister sedakovii*）、光滑卵漠甲（*Ocnera sublaevigata*）、何氏胖漠甲（*Trigonoscelis holdereri*）、莱氏脊漠甲（*Pterocoma*（*Mongolopterocoma*）*reittert*）、半脊漠甲（*Pterocoma*〔*Mesopterocoma*〕*semicarinata*）、细长琵甲（*Blaps oblonga*）、戈壁琵甲（*Blaps gobiensis*）、狭窄琵甲（*Blaps virgo*）、大型琵甲（*Blaps lethifera*）、粪堆粪金龟（*Geotrupes stercorarius*）、尸体皮金龟（*Trox cadaverinus*）、甘肃齿足象（*Deracanthus potanini*）、迷黄粉蝶（*Colias hyale*）、云斑粉蝶（*Pontia daplidc*）、光珍眼蝶（*Coenoaympha amaryilis*）、荨麻蛱蝶（*Vanessa urficae*）、豆灰蝶（*Plebejus argus*）、麦穗夜蛾（*Apamea sordens*）、黑尾熊蜂（*Bombus melanurus*）、昆仑熊蜂（*Bombus keriensis*）、亚西伯熊蜂（*Bombus*〔*Sibiricobombus*〕*asiaticus*）、双点曲脊姬蜂（*Apophua bipunctoria*）、喀美姬蜂（*Meringopus calescens calescens*）、坡美姬蜂（*Meringopus calescens persicus*）、里海伊蚊（*Aedes caspius*）、黄背伊蚊（*Aedes flavidorsalis*）、

骚花蝇（*Anthomyia procellaris*）、灰宽颊叉泉蝇（*Eutrichota*（*Arctopegomyia*）*pallidoldtigena*）、粉腹阴蝇（*Hydrophoria divisa*）、白头阴蝇（*Hydrophoria albiceps*）、玛斑虻（*Chrysops makerovi*）、玛斑虻（*Chrysops makerovi*）、土麻虻（*Haematopota turkestanica*）等。

5.2.3.2　东洋界（东洋区）

（1）西南区

酒泉片区包括四川西部、昌都东部，北起青海、甘肃东南缘，南抵云南中北部（大抵以北纬26为南界），向西直达东喜马拉雅山南坡针叶林带，基本上是南北平行走向的高山与峡谷。本区气候比较复杂，冬季晴朗多风，干湿季明显，月平均温为6～22 ℃，年雨量为1 000～1 500 mm。

本区的昆虫组成非常复杂，又最丰富，半数以上是东洋区系的印度马来亚种类，亦有一定数量为古北区系的中国喜马拉雅种。该区昆虫主要代表种有壮异痣螅（*Ischnura pumilio*）、黑背尾螅（*Paracercion melanotum*）、锥头蝗（*Pyergomorpha conica deserti*）、花蓟马（*Frankliniella intonsa*）、后蜉金龟（*Aphodius*〔*Teuchestes*〕*analis*）、箭纹绢粉蝶（*Aporia procris*）、小红蛱蝶（*Pyrameis cardui*）等。

（2）华中区

本区主要分布在四川盆地及长江流域各省，西部北起秦岭，东半部为长江中、下游，包括东南沿海丘陵的半部，南与华南区相邻，即大致为南亚热带的北界。气候属亚热带暖湿类型，年降雨量为1 000～1 750 mm，是我国主要稻茶产区。本区农业害虫种类繁多，多数与华南区和西南区相同。在本区的主要种类有多异瓢虫（*Hippodamia variegata*）、异色瓢虫（*Harmonia axyridis*）、粘虫步甲（*Carabus granulatus telluris*）、谷婪步甲（*Harpalus calceatus*）、点翅暗步甲（*Amara majuscula*）、大青叶蝉（*Cicadella viridis*）、银带脉毛蚊（*Culiseta niveitaeniata*），以及华中区的主要代表种三化螟、二化螟、黑尾叶蝉、棉红铃虫等农业害虫。

（3）华南区

本区包括广东、广西、海南和云南的南部、福建东南沿海、台湾及海南各岛，属南亚热带及热带，植被为热带雨林和季雨林，全年无冬，夏季长达6～9个月，7—10月多台风，雨量在1 500 mm和2 000 mm之间。本区昆虫以印度马来亚种占明显优势，其次为古北区系东方种类中的广布种，本区主要代表种有长叶异痣蟌（*Ischnura elegans*）、烟蓟马（*Thrips tabaci*）、大青叶蝉（*Cicadella viridis*）、灰飞虱（*Laodelphax striatellus*）、黑圆角蝉（*Gargara genistae*）、七星瓢虫（*Coccinella septempunctata*）、红点唇瓢虫（*Chilocorus kuwanae*）、多异瓢虫（*Hippodamia variegata*）、异色瓢虫（*Harmonia axyridis*）、褐背小萤叶甲（*Galerucella grisescens*）、胡枝子克萤叶甲（*Cneorane violaceipennis*）、滨尸葬甲（*Necrodes littoralis*）、后蜉金龟（*Aphodius*〔*Teuchestes*〕*analis*）、黑绒金龟（*Maladera orientalis*）、红襟粉蝶（*Anthocharis cardamines*）、豆黄纹粉蝶（*Colias erate poliographus*）、菜粉蝶（*Pieris rapae*）、东方菜粉蝶（*Pieris canidia*）、老豹蛱蝶（*Argynnis laodlce*）、蓝灰蝶（*Everes argiades*）、三带喙库蚊（*Culex tritaeniorhynchus*）、大头金蝇（*Chrysomya megacephala*）、丝光绿蝇（*Lucilia sericata*），以及华南区的代表种印度黄脊蝗、荔蝽、台湾稻螟、原花蝽等。

5.2.3.3　中—日—朝区系

系指遍布中国、日本、韩国、朝鲜分布的或更大范围的种类。中国分布和地区特有分布合称为东亚分布。酒泉片区东亚分布种有88种，占2023年自然资源调查中已知总种数的32.23%。如长叶异痣蟌（*Ischnura elegans*）、黑背尾蟌（*Paracercion melanotum*）、碧伟蜓（*Anax parthenope*）、薄翅螳螂（*Mantis religiosa*）、日本蚱（*Tetrix japonica*）、烟蓟马（*Thrips tabaci*）、花蓟马（*Frankliniella intonsa*）、大青叶蝉（*Cicadella viridis*）、芦苇长突飞虱（*Stenocraus matsumurai*）、绿狭盲蝽（*Stenodema virens*）、东亚果蝽（*Carpocoris seidenstueckeri*）、西北麦蝽（*Aelia sibirica*）、斑须蝽（细毛蝽）（*Dolycoris baccarum*）、紫翅果蝽（*Carpocoris purpureipennis*）、广重粉蛉（*Semidalis aleyrodiformis*）、丽草蛉（*Chrysopa formosa*）、二星瓢虫（*Adalia bipunctata*）、红点唇瓢虫（*Chilocorus kuwanae*）、七星瓢虫（*Coccinella septempunctata*）、华日瓢虫（*Coccinella ainu*）、蒿金叶甲（*Chrysolina*〔*Anopachys*〕*aurichalcea*）、褐背小萤叶甲（*Galerucella grisescens*）、多脊萤叶甲（*Galeruca vicina*）、油菜蚤跳甲（*Psylliodes punctifrons*）、蚤凹胫跳甲（*Chaetocnema tibialis*）、枸杞毛跳甲（*Epitix abeillei*）、柳沟胸跳甲（*Crepidodera pluta*）、柳沟胸跳甲（*Crepidodera pluta*）、蓟跳甲（*Altica cirsicola*）、粘虫步甲（*Carabus granulates telluris*）、宽

卵阎甲（*Dendrophilus xavieri*）、细胸叩头甲（*Agriotes subvittatus fuscicollis*）、迟钝蜉金龟（*Aphodius Accmthobodilus languidulus*）、后蜉金龟（*Aphodius〔Teuchestes〕analis*）、血斑蜉金龟（*Otophorus haemorrhoidalis*）、黑绒金龟（*Maladera orientalis*）、蓝灰蝶（*Everes argiades*）、胡杨木蠹蛾（*Holeocerus consobrinus*）、小菜蛾（*Plutella xylostella*）、菊云卷蛾（*Cnephasia chrysantheana*）、香草小卷蛾（*Celypha cespitana*）、杨叶小卷蛾（*Epinotia nisella*）、草地螟（*Loxostege sticticalis*）、双点曲脊姬蜂（*Apophua bipunctoria*）、具瘤爱姬蜂（*Exeristes roborator*）、舞毒蛾瘤姬蜂（*Pimpla disparis*）、红足瘤姬蜂（*Pimpla rufipes*）、赤腹深沟茧蜂（*Lphiaulax impostor*）、淡色库蚊（*Culex pipiens pallens*）、阿拉斯加脉毛坟（*Culiseta alaskaensis*）、骚花蝇（*Anthomyia procellaris*）、牧场腐蝇（*Muscin pascuorum*）、丝光绿蝇（*Lucilia sericata*）、大头金蝇（*Chrysomya megacephala*）、玛斑虻（*Chrysops makerovi*）等。

5.2.3.4　中国特有种

系指仅限中国国内分布，尚无国外分布报道的种类，是某种意义上的中国特有种。主要代表种有准噶尔贝蝗（*Beybienkia songorica*）、黑圆角蝉（*Gargara genistae*）、点伊缘蝽（*Rhopalus latus*）、榆绿毛萤叶甲（*Pyrhalta aenescens*）、八斑隶萤叶甲（*Liroetis octopunctata*）、何氏胖漠甲（*Trigonoscelis holdereri*）、狭窄琵甲（*Blaps〔Blaps〕virgo*）、隆胸鳖甲（*Colposcelis〔Scelocolpis〕montivaga*）、磨光东鳖甲（*Anatolica polita*）、宽颈小鳖甲（*Microdera laticollis*）、姬小鳖甲（*Microdera〔Dordanea〕elegans*）、沙土甲（*Opatrum sabulosum*）、蒙古伪坚土甲（*Scleropatrum mongolicum*）、吉氏笨土甲（*Penthicus〔Myladion〕alashanic*）、中华砚甲（*Cyphogenia〔Cyphogenia〕chinensis*）、粪堆粪金龟（*Geotrupes stercorarius*）、灿豹蝶（*Argynnis adippe*）、斜纹黄虻（*Atylotus karybenthinus*）等。

5.2.4　湿地昆虫生态类群

不同的环境中栖息着不同的昆虫类群，那些生态要求相似的昆虫所组成的群组成昆虫生态类群。酒泉片区内的植物生长、分布极不均匀，依赖植物的昆虫也具有同样的分布格局，形成了不同的昆虫生态类群。

酒泉片区内由野马南山与党河南山两山之间形成的河流盆地与峡谷地带形成了盐池湾湿地，是区内最主要的湿地组成部分，2018年被列入国际重要湿地名录，此外还有以疏勒河、党河、榆林河为主体形成的河流湿地，融雪和河流下渗等形成的湖泊湿地、沼泽湿地等。区内主要湿地植被有芦苇（*Phragmites australis*）、碱毛茛（*Halerpestes sarmentosa*）、锁阳（*Cynomorium songaricum*）、红穗柽柳（*Tamarix leptostachya*）、白麻（*Apocynum pictum*）、盐生车前（*Plantago maritima*）、白花蒲公英（*Taraxacum leucanthum*）、白刺（*Nitraria tangutorum*）等。主要代表性昆虫有心斑绿螅（*Enallagma cyathiferus*）、长叶异痣螅（*Ischnura elegans*）、黑背尾螅（*Paracercion melanotum*）、锥头蝗（*Pyergomorpha conica deserti*）、华简管蓟马（*Haplothrips*）、冰草麦蚜（*Diuraphis〔Hocaphis〕agropyronophaga*）、大青叶蝉（*Cicadella viridis*）、点伊缘蝽（*Rhopalus latus*）、首蓿盲蝽（*Adelphocois lineolatus*）、杂毛合垫盲蝽（*Orthotylus〔Melanotrichus〕flavosparsus*）、绿狭盲蝽（*Stenodema virens*）、二星瓢虫（*Adalia bipunctata*）、七星瓢虫（*Coccinella septempunctata*）、异色瓢虫（*Harmonia axyridis*）、红缘婪步甲（*Harpalus froelichii*）、皱亡葬甲（*Thanatophilus rugosus*）、甘肃齿足象（*Deracanthus potanini*）、红背绿象（*Chlorophanus solaria*）、黑斜纹象（*Bothynoderes declivis*）、箭纹绢粉蝶（*Aporia procris*）、红襟粉蝶（*Anthocharis Cardamines*）、菜粉蝶（*Pieris rapae*）、蓝灰蝶（*Everes argiades*）、青海草蛾（*Ethmia nigripedella*）、草地螟（*Loxostege sticticalis*）、亚西伯熊蜂（*Bombus〔Sibiricobombus〕asiaticus*）、长尾深沟茧蜂（*Iphiaulax mactator*）、东方壮并叶蜂（*Jermakia sibirica*）、三带喙库蚊（*Culex tritaeniorhynchus*）、凶小库蚊（*Culex modestus*）、背点伊蚊（*Aedes dorsalis*）、刺扰伊蚊（*Aedes vexans*）、丛林伊蚊（*Aedes cataphylla*）、骚花蝇（*Anthomyia procellaris*）、双色泉蝇（*Pegomya bicolor*）、迷追寄蝇（*Exorista mimula*）、玛斑虻（*Chrysops makerovi*）、灰股瘤虻（*Hybomitra zaitzevi*）、里虻（*Tabanus leleani*）等，这一带的昆虫大多体色较深。

5.2.5 湿地昆虫名录

　　酒泉片区内分布于湿地的昆虫总共291种，隶属于12目64科211属。其中，革翅目1科1属1种，螳螂目和缨翅目各1科2属2种，脉翅目2科3属3种，蜻蜓目3科8属13种，同翅目5科9属9种，直翅目5科21属38种，半翅目7科20属25种，鞘翅目14科69属87种，鳞翅目12科38属51种，双翅目7科23属41种，膜翅目5科15属19种。依此编制出《酒泉片区湿地昆虫名录》，见附录3。

第6章 酒泉片区湿地生态旅游资源

酒泉片区有着独特的地貌类型,复杂多样的生境,典型的寒温带森林植被,丰富的动植物资源,奇特的自然景观资源。其中,酒泉片区内有1 357 km² 的湿地,主要有沼泽湿地、河流湿地和湖泊湿地。面积最大的是党河流域的大道尔基河流湿地,其面积有340 km²,水草丰茂,植被覆盖度达80%以上,是干旱高寒地区的宝贵绿洲,是野生动物的水源地,也是重点保护动物,如黑颈鹤的栖息地。

1983年,世界自然保护联盟(IUCN)首先提出"生态旅游"的概念,其后,国际生态旅游协会于1993年将其定义为具有保护自然环境和维护当地人民生活双重责任的旅游活动。其内涵主要包含两个方面,一是回归大自然,即到生态环境中观赏、旅行、探索,目的在于享受清新、轻松、舒畅的人与自然的和谐气氛,探索和认识自然,增进健康,陶冶情操,接受环境教育,享受自然和文化遗产等;二是促进自然生态系统的良性运转,不论生态旅游者,还是生态旅游经营者,甚至包括得到收益的当地居民,都应当在保护生态环境、免遭破坏方面作出贡献。也就是说,只有在旅游和保护均有保障时,生态旅游才能显示其真正的科学意义。

2002年,湿地作为一种旅游资源被提出。同时因其生态系统的脆弱性而首推生态旅游模式。生态旅游的相关理论和方法被应用到湿地生态旅游研究中。湿地公园生态旅游的首要目标是保护湿地生态系统的完整性和稳定性;同时,湿地通过提供丰富多样的旅游资源和游憩设施,使游客能够在欣赏湿地美景的同时,体验到与自然亲近的乐趣,且湿地生态旅游注重向游客传递生态环境保护的理念,提高游客的环境意识和环保意识,引导游客关注和参与湿地保护,促进可持续的生态旅游发展,具有生态、经济、文化等多个层面的价值。

总体而言,湿地生态旅游为实现生态保育、经济发展、文化传承等多方面的目标提供了平衡的途径,有助于实现可持续发展。然而,在开发过程中也需要始终保持对湿地生态系统的尊重和保护,确保旅游活动对湿地环境的影响最小化;同时,要起到带动生态旅游和自然教育的目的。

6.1 湿地生态旅游资源

湿地是介于陆地和水生系统之间的过渡带,以其高度的多样性和独特性与农田、森林并列为世界三大生态系统。千百年来的人类发展、文明史证明,湿地资源是历史最悠久、可持续利用的自然资源之一,并且也是人类未来须臾不可或缺的、保证生存延续、必须长期依靠的最基本资源之一。不但在维持当地生态平衡和为一些珍稀动植物,特别是水鸟,提供野生生境等方面具有不可替代的作用;同时,也显现出作为旅游资源的开发潜力。

6.1.1 自然资源

酒泉片区拥有河西走廊内流水系的第二大河——疏勒河,其主要支流——党河、野马河、榆林河、石油河,又发育形成了大面积的湿地——盐池湾湿地。2018年盐池湾湿地被列入《国际重要湿地名录》,成为我国第57处国际重要湿地。

酒泉片区湿地为依赖其繁衍、生存的野生动植物提供了重要的生境环境,其中不乏珍稀特有的物种,有92种脊椎动物、492种植物,其中国家重点保护野生动物31种,包括黑颈鹤、黑鹳、玉带海雕、白尾海雕等国家一级保护物种,白额雁、灰鹤、大天鹅等国家二级保护动物。

丰富的动植物资源使酒泉片区湿地成为观赏自然生态的理想场所。湿地生境复杂多样,不同季节有着不同的美丽自然景观,包括河流草丛湿地生境区、沼泽湿地生境区和高山草甸湿地生境区。在湿地生态旅游的过程中,游客可以近距离接触、观察各种野生动植物,欣赏迷人的自然景观,感受大自然的生机与魅力。

此外,酒泉片区湿地还具有丰富的生态系统服务功能,不仅能为游客提供理想的休闲娱乐场所,还可以为游客提供环境教育的机会。使游客身临其境般欣赏水景、感受季节变化,享受大自然美景的同时,还可以通过导览、解说和展示了解湿地生态系统的形成、演变,增强其对生态环境的保护意识，积极参与生态保护和可持续旅游的行动，达到寓教于乐的生态旅游服务目的。

6.1.2 人文资源

酒泉片区湿地大多是少数民族聚集区，承载着丰富的历史文化。游客可以参观历史遗迹、传统村落等，感受湿地地区悠久的历史和丰富的文化底蕴。游客还可以参与民族节庆、品尝民族美食、欣赏民族歌舞等，体验不同的民族风情和当地民俗，了解彼此的文化差异和共同点，促进文化交流。

6.2 开展湿地生态旅游的原则

湿地生态旅游以生态保护为核心，通过提供游憩体验和生态文明教育，实现游客与自然的和谐互动，提高公众的生态意识和保护意识。湿地生态旅游的发展需要遵循生态优先、整体规划和参与共享等一般原则，实现湿地生态旅游的可持续发展，保证旅游活动与湿地生态系统的协调发展。

6.2.1 坚持生态保护优先的可持续发展原则

湿地生态旅游应贯彻落实习近平生态文明思想，坚持生态保护第一、适度发展生态旅游，坚持生态优先原则，充分考虑生态承载力、自然修复力，保护湿地的完整性和功能性，在规划和设计湿地公园旅游项目时，要考虑湿地保护的需要，合理安排游憩设施和旅游路线；同时，加强生态保护宣传教育，让游客在感悟大自然神奇魅力，自觉增强生态环保意识，确保旅游活动对湿地生态系统的影响最小。

6.2.2 湿地生态旅游整体规划原则

湿地公园生态旅游需要进行整体规划，必须对湿地生态系统的生态敏感性、自我调节能力、湿地生态环境质量、湿地生态脆弱性、湿地生态旅游资源的环境容量等进行深入研究，统筹旅游活动、保护措施和管理措施的协调发展。制订和实施科学的湿地生态旅游开发规划，各个环节和要素之间要形成相互支撑、协同发展的关系，实现湿地公园生态旅游的可持续发展。

6.2.3 广泛社会参与共享原则

湿地生态旅游需要广泛的社会参与和共享。要积极引导和鼓励社会各界，包括生态旅游者、生态旅游经营者和当地居民等参与湿地保护和旅游管理，提高公众的参与意识和保护意识，共同促进湿地公园生态旅游的可持续发展。

6.3 湿地生态旅游与湿地保护的关系

湿地是自然界中重要的生态系统，不仅是生物多样性的宝库，还在水循环、土壤保持、气候调节等方面起着重要的作用。然而，由于人类活动的干扰和破坏，目前全球湿地面积急剧缩减，生态环境日益恶化。近年来，酒泉片区不断加大湿地保护力度，采取了一系列措施。如2018年，甘肃盐池湾湿地被国际湿地公约组织批准为国际重要湿地。湿地生态旅游和湿地保护之间存在密切的关系，二者可以相辅相成，共同实现可持续发展的目标。

6.3.1 政策支持，落实可持续发展

湿地生态旅游可以促进政府和社会对湿地保护的重视。湿地生态旅游业的发展需要政府的政策支持和管理，通过湿地旅游的发展，可以引起政府和社会对湿地保护的关注，推动相关政策的制定和实施。同时，还可以通过湿地旅游发展餐饮业、住宿、售卖文化产品，为湿地保护提供资金支持，用于湿地保护、管理和恢复工作，从而提高湿地的可持续发展能力。

6.3.2 寓教于乐，唤醒环保意识

湿地生态旅游是生态教育的重要平台。通过深入其境地感受、拥抱大自然，可以唤起公众对湿地保护的意识，增强公众对自然环境的保护意识，从而更加支持湿地保护工作。游客通过亲身体验湿地的自然景观和生态系统服务，也能更容易理解湿地的重要性，从而更加支持和参与湿地保护的行动。

6.3.3 公众参与，倡导全民保护

湿地生态旅游可以促进公众参与湿地保护。游客参与湿地旅游活动，不仅可以享受自然风光和生态服务，还可以参与志愿者保护活动、生态恢复工作等，成为湿地保护的一员。同时，由于生态旅游的发展，带动当地经济，使生态付费的观念深入人心，也能够更好地唤醒当地居民保护意识，从自觉到自发，使湿地得到更完善的保护。

综上所述，湿地生态旅游和湿地保护之间存在着密切的关系，二者可以相辅相成，共同促进湿地的可持续发展和生态保护。因此，在推动湿地旅游的发展过程中，需要充分考虑湿地保护的重要性，采取有效措施，实现旅游

业和保护管理的良性互动。

6.4 湿地生态旅游的价值

湿地生态旅游是指以湿地作为观光、游览研究对象，观察湿地的景观、物种、生境和生态系统等，并维持湿地自然环境原貌的旅游活动，具有自然保护、环境教育和社区经济效益等一系列的功能。它是生态旅游的主要类型之一，如"湖泊游""水乡游""休闲垂钓"等。生态旅游是以可持续发展思想为指导的非传统旅游模式，生态旅游把生态保护置于旅游开发的首要位置，强调旅游资源的永续利用。因此，在湿地公园中开展生态旅游是湿地保护和利用、实现双赢的最佳途径之一。发展湿地生态旅游的意义是让游客认识湿地、享受湿地的同时，提高湿地生态环保意识。

酒泉片区处于疏勒河、党河、榆林河的上游，地理位置和生态区位功能独特，有1 357 km²湿地，每年到区内湿地的各种候鸟有数万只，主要有黑颈鹤、斑头雁、大天鹅、赤麻鸭、蓑衣鹤等，是中国西部候鸟南北迁徙歇息的必经通道，也是敦煌、玉门、瓜州、肃北、阿克赛五县（市）重要的水源涵养地，维系着河西地区60万人的生存和发展。湿地的生态价值是湿地可持续利用的最大价值，从国际国内对湿地的认识和重视程度看，湿地公园生态旅游具有以下价值。

6.4.1 生态价值

湿地是丰富的生态系统，为众多植物和动物提供了栖息地。湿地公园生态旅游强调与自然环境的和谐共生，尊重和保护湿地生态系统的自然特性。游客在湿地公园中旅游时，要尽量减少对生态环境的干扰，遵守游憩规则，不破坏植被、野生动物及其栖息地。通过湿地生态旅游，人们能够更好地了解湿地生态系统的重要性，促进对湿地的保护和恢复，以确保其生态平衡和生物多样性。

6.4.2 互动价值

湿地生态旅游为游客提供了一个放松身心、远离城市喧嚣的环境。自然环境对身心健康有积极作用，可以减轻压力、促进身体健康。同时，湿地生态旅游注重游客与环境的互动，为游客提供了与自然互动的机会。游客不仅仅是被动地观赏和欣赏，还可以参与湿地保护和科研工作，体验湿地生态系统的沉浸式互动，有助于提高公众对自然环境的认识。通过生动的体验，人们更容易理解湿地的生态特征、生态过程和生物多样性的重要性，从而培养公众环保意识。

6.4.3　经济价值

在生态补偿与生态付费大趋势下，政府主导、市场运作能有效实现生态资源合理配置、生态产品价值转化与增值。同时，在片区湿地发展生态旅游为环境资源的开发利用提供了一种替代性选择。湿地旅游可以成为当地经济的重要支柱。游客的到来可以带动当地的服务业、交通业等各个方面的发展，创造就业机会，提高当地居民的生活水平。

6.4.4　文化价值

许多湿地地区与当地文化和传统紧密相连。牢固树立"文化搭台、生态牵手、旅游唱戏"的理念，推动文化、生态、旅游的深度融合，将当地传统文化要素融入湿地生态旅游。这有助于传承和弘扬当地的传统文化、传统技艺；同时，也能使游客更深入地了解当地的历史和传统。

6.4.5　学习价值

湿地生态旅游是一种寓教于乐的旅游方式。游客可以通过导游解说、参观展品等方式了解湿地的形成机制、生态特点和湿地保护的重要性，增加对自然环境的认知。科研人员能够对湿地生态系统进行研究和监测，积累更多的科学数据，提高对湿地生态系统的了解，并为其可持续管理提供科学依据。

6.5　湿地生态旅游的发展战略

依据我国湿地旅游资源具有"保护性、多样性和脆弱性"的特点，以及开发利用现状，对我国湿地旅游资源的开发应定位为一种保护性的资源开发，向生态旅游方向发展。可以通过生态旅游提高和恢复湿地自然环境质量，促进湿地生态系统的良性循环，使湿地生态旅游资源得以可持续发展。

湿地是宝贵的生态及旅游资源，利用湿地资源开发旅游，就是将绿水青山转化为金山银山的探索实践，其目标是以生态发展旅游，以旅游反哺生态，使两者互动互促。近些年，我国部分区域进行了旅游开发探索，但限于保护性要求和开发思路狭窄，总体上开发较为肤浅，消费点与吸引力依然缺乏，如何让景区的湿地旅游长远发展，需要注意把握五个关键点。

6.5.1　规划建设富有个性的湿地绿道

为方便休闲和旅游，需要在湿地边缘或实验区规划修筑景区绿道，以发挥对湿地旅游吸引物的串联和纽带作用。有关道路的修建，应该根据周边环境、地势、景物、水体，设计不同区段和风格的绿道，体现生态化、本土化、多样化，如森林风格、田园风格、野地风格、城市风格，兼顾实用和美观。沿途的绿化、美化或亮化，既要专业规划和设计，也要自然生态，避免过分人工化、城市化。

6.5.2　湿地各类道路应修建极具风情特色的服务站

外观风格应力求多样，可以有个性张扬的外观，争取每一处站点就是一个吸引物，充分体现湿地特点、地域文化。酒泉片区所处肃北县是一个历史悠久的多民族聚集地，兼具底蕴丰厚的人文历史和民族风情，应在沿途区域建设具有民族文化特色的游客中心，作为休闲和旅游者的补给站，在发展生态旅游的同时，向游客展示其风情浓郁的文化瑰丽，发扬和继承当地非物质文化遗产。

6.5.3　选准湿地旅游开发的切入点

避免旅游开发外围化、浅表化、休闲化，根据不同类型的生态环境，专业地选准旅游切入点；要在保护好湿地生态的前提下，设法让游客获得尽量多的特色湿地生态体验。比如在本区允许的范围内，留出一些供游客亲近水、亲近湿地的区段。

6.5.4　着力营造湿地旅游的核心魅力

湿地旅游应该选择一些动物惯常出没的地方，作为具有核心吸引力的开发区域，如有黑颈鹤、灰鹤出没的区域等，开辟一条特别的观赏路径；也可利用湿地丰富的自然景观，在合适区域开发徒步等深入感受自然的体验活动；也可以在湿地周边的池塘、丛林、溪流等处，开发露营区域或者儿童游戏区。

6.5.5　顺势做好湿地相邻区域的开发

应统筹做好周边地域的旅游项目开发，对既有旅游业态和产品设法提升。譬如，依托周边的村庄、农田、鱼塘等，研究开发特色民宿、乡村酒吧等娱乐场所；选择交通相对便利的地块，依托湿地特有的生态资源，设计开发具有地域特色的美食一条街；规划开发自驾车营地、帐篷营地等。

第7章 酒泉片区湿地景观格局的 动态变化

7.1 湿地景观格局的动态变化

湿地是负地形或岸边带及其所承载的水体，是地表水和地下水相互转化的地理综合体。湿地景观格局能够反映湿地景观要素在一定时空范围内的配置和组合方式，是理解干扰因子和自然环境间协同适应关系的理论基础，对于深入理解全球变化背景下环境因子对景观格局的演变具有重要的意义。湿地景观格局是时空尺度下多种生态水过程综合作用的结果，能够反映湿地面积的数量变化和空间分布特征。气象因子作为湿地变化重要的环境因子和进化选择力，通常在较大的时空尺度上作用于湿地的变化。由于降水入渗、补给、径流过程的时空差异导致湿地积水条件、土壤的积盐条件、湿地水—盐交互作用等水文过程的改变，进而导致不同湿地景观格局的改变。

酒泉片区位于祁连山脉的中部，包括了肃南裕固族自治县、肃北蒙古族自治县以及阿克塞哈萨克族自治县部分地区。该片区的地理坐标为北纬38°43′～北纬40°27′，东经97°50′～东经99°30′；该片区总面积为16 997 km²，占祁连山国家公园总面积的33.9%，占甘肃片区总面积的49.4%。该地区地形复杂，海拔高度从1 500 m到5 000 m不等。祁连山脉南坡是青藏高原的一部分，地势高峻，险峻峭壁林立，许多山峰海拔高度超过5 000米。该地区的气候为高原大陆性气候，夏季短暂而凉爽，冬季漫长而寒冷，年降水量较少，气温变化大。土壤类型以风沙土、棕漠土、草甸土、沼泽土和高山寒漠土为主。有着党河南山和野马南山的山前洪积扇间洼地和河漫滩洼地的地貌，以党河南山—党河—野马南山相间分布的山、盆相间为主要特点，湿地水分主要来源于高山冰雪融水和自然降水补给，是河西走廊第二大内流河——疏勒河一级支流的发源地,汇入敦煌绿洲。植被类型以湿地植被和荒漠植被为主。

由 1989—2023 年各类型湿地变化率可以看出,内陆盐沼湿地在研究区中占比最大,占总面积的 26.32%~37.81%,2001 年面积减少至最低值,为 98.87 km²。草本沼泽面积变化幅度较大,面积占比为 9.01%~33.92%。永久性河流湿地广泛分布在连接程度较大、地势平缓的党河主河道周围,面积占比 9.69%~22.6%,变化幅度较大。沼泽化草甸主要分布在河漫滩周围,2001 年增大到最大值,为 95.14 km²,2007 年减小到最小值,为 36.37 km²,裸斑主要分布在内陆盐沼和荒漠的过渡处,在地势较高处由于蒸发和特殊的生态水文过程形成,其面积变化较平稳。

1989—2023 年,酒泉片区高寒湿地类型之间转换速度也发生着变化。1989—2007 年,草本沼泽的面积减少,主要转化为沼泽化草甸和内陆盐沼,转换的面积为 9.06 km² 和 7.55 km²。2007—2023 年,内陆盐沼、沼泽化草甸以及草本沼泽之间的转换激烈,沼泽化草甸转换为草本沼泽和内陆盐沼的面积分别是 10.93 km² 和 13.49 km²,内陆盐沼在这个时间段内转换为河流的面积为 12.68 km²,而草本沼泽转化为内陆盐沼的面积也为 6.51 km²。

7.2 湿地景观格局动态变化驱动力分析

7.2.1 气候变化

湿地生态水文由于对气候变化的高度敏感性和重要的反馈作用而备受关注。气候变化对湿地的影响主要表现在两方面——降水和温度。1991—2018 年,酒泉片区年降水量呈增加的变化趋势,东部增加趋势较西部明显,部分地区增加趋势率在 8 mm 以上。这表明了近年来本区降水量有所增加,尤其是东部地区的增加更为明显。降水的增多对增加湿地供水的效果显著。

酒泉片区多年(1991—2018 年)平均年平均气温为-5.5 ℃,范围在-13.9 ℃和 2.1 ℃之间,在北部和中部部分地区年平均气温在 0 ℃以上。但从 2004 年开始,气温呈升高趋势。在全球变暖的大环境下,在积雪和冻土分布的区域,温度升高导致冰雪和冻土融水增多,湿地供水增多,面积扩大。

7.2.2 径流量

酒泉片区拥有一些重要的河流，其中包括疏勒河、党河、榆林河、白杨河、石油河、大小哈尔腾河。该地区的河川径流主要来源于降水和冰川积雪融水。冰川积雪融水的贡献使年度径流量的年际变化相对较平稳，年径流的变差系数约为0.20。近年来，本区域内降水的增加对河流水量补给增多，对湿地生态格局有重要影响。

7.2.3 畜牧业

畜牧业资源是区内重要的经济支柱之一。天然草本植物占酒泉片区总面积的44.11%，这片区域地处高山草甸、高山草原和高山寒漠草地，提供了广袤的草场资源，非常适宜牛羊等家畜的放牧。主要养殖品种包括牦牛、羊群和马匹等。这些动物种类都具备了对当地严峻气候条件的适应能力，并且它们能够在不同海拔的地域中找到适合生存的环境。但过度放牧导致湿地植被退化、沙化、盐碱化，使其生态服务功能减弱。

7.2.4 经济发展

城市经济、建设发展与人口也对酒泉片区湿地景观格局有着重要作用。2000—2023年，地区生产总值从72.87亿元增长到908.7亿元，人口从98.05万人增长到104.27万人，城市建设用地面积达到47.09 km²。随着经济的发展，酒泉地区非农业人口增加，城镇化程度不断提高，导致城市向外扩张，进一步威胁周边湿地生态资源。

7.2.5 政策

酒泉片区的生态建设与环境保护，关系到社区居民的生存环境、经济发展、民族团结、社会安定、国防稳固等大事。2017年6月，国家发展改革委报请中央全面深化改革领导小组第三十六次会议审议通过《祁连山国家公园体制试点方案》。2017年9月，中共中央办公厅、国务院办公厅正式印发《祁连山国家公园体制试点方案》，全面启动祁连山国家公园体制试点工作。以国家公园为主体的自然保护地是生态文明建设的重要载体，建立祁连山国家公园是落实生态保护红线、维护国家生态安全的有效措施，是加快转变经济发展方式、实现可持续发展的积极手段。

7.3　湿地景观格局动态变化的生态效应

7.3.1　生物多样性

荒漠—草原—湿地的生物多样性具有非常重要的地位。依赖荒漠、草原、湿地生存、繁衍的野生动植物极为丰富,其中有许多是珍稀的、特有的物种,是丰富生物多样性的重要地区,是濒危鸟类、迁徙鸟类以及其他野生动物的栖息繁殖地。酒泉片区内有落叶灌丛、草甸、干旱草原、荒漠草原、荒漠、湿地植被等典型的自然景观,生物多样性以及珍稀动植物资源。酒泉片区湿地区域有92种脊椎动物、168种高等植物,其中国家重点保护野生动物31种,其中包括Ⅰ级保护动物8种,Ⅱ级保护动物23种。列入《濒危野生动植物种国际贸易公约》(CITES)(2019)附录的有25种,附录Ⅰ级动物4种、附录Ⅱ级物种21种。这些野生动植物在生物生存、科学研究、遗传育种、医药、旅游等方面具有极高的价值,这些资源不但要为我们当代人所利用,而且要保留给后代子孙。

7.3.2　维持半干旱草原生态系统的稳定性

酒泉片区属干旱草原区,具有典型的大陆性气候,干旱少雨,蒸发强烈,自然植被长期在严酷的条件下生存,其形态结构、生理特征、生态功能、遗传基因等方面都形成了适应这种严酷环境条件的特殊功能,对维持干旱荒漠草原区生态环境的稳定有不可替代的作用。

7.3.3　保护物种种质或遗传资源

酒泉片区在植被与土壤区划上地处干旱暖温带,物种相对贫乏,尽管物种丰富度不高,但物种区系的古老性,加上生态条件的极端严酷性决定了片区内的野生动植物的独特性。这些特有物种长期在恶劣的生境生存进化,保留了丰富的抗逆性基因,是可供人类利用的特种遗传资源,是全世界共同拥有的资源和财富。天然的草原——湿地环境为鸟类、鱼类提供丰富的食物和良好的生存繁衍空间,对物种保存和保护物种多样性发挥着重要作用。湿地是重要的遗传基因库,对维持野生物种种群的存续、筛选和改良具有商品意义的物种,均具有重要意义。此外,酒泉片区湿地还是黑颈鹤、藏雪鸡、西藏毛腿沙鸡等分布区的东部边缘。依据现代分子生物学研究的成就,边缘种群有更高的遗传多样性。

7.3.4 保护生态环境

酒泉片区保存完好的灌丛植被和湿地，具有很好的防风固沙、蓄水、集水和保水功能。区域内有四季流淌的沟水、季节性的河流和茂密的灌丛植被，对保持水土、涵养水源、净化水质、净化空气等具有不可估量的作用。湿地在控制洪水、调节水流方面功能十分显著，在蓄水、调节河川径流、补给地下水和维持区域水平衡方面发挥着重要作用，是蓄水防洪的天然"海绵"。此外，区域植被覆盖率较高，造成下垫面、大气环流、太阳辐射发生变化，湿地的蒸发在附近区域制造降雨，增加湿度，使区域气候条件稳定，具有调节区域气候作用。酒泉片区还是重要的水源涵养地，作为党河、疏勒河的发源地，为榆林河、石油河提供水源补给。本区地处疏勒河、党河和榆林河上游，所保护的近百万公顷的草甸草原在三河流域水源涵养、水土保持方面有着无可替代的作用。党河39.3%的径流量、疏勒河32.3%的径流量由冰川融水补给，保护冰川对维持两河的径流量至关重要。该区保护的草甸草原有调节环境温度的功效，对冰川保护具有重要的生态作用。

7.4 湿地的保护与可持续利用对策

7.4.1 湿地保护

7.4.1.1 建立和完善湿地保护的法治和政策体系

完善的政策和法制体系是有效保护湿地和实现湿地资源可持续发展利用的关键。通过建立对威胁湿地生态系统活动的限制性政策和有利于湿地资源保护活动的鼓励性政策，协调湿地保护与区域经济发展，并通过建立和完善法制体系，依法对湿地及其资源进行保护和可持续利用。

2021年12月24日，第十三届全国人民代表大会常务委员会第三十二次会议通过的《中华人民共和国湿地保护法》（以下简称《湿地保护法》），最大意义是弥补了我国法律体系的生态短板，在很大程度上有利于扭转"重环境、重资源、轻生态"的失衡局面，推动了生态法治建设。《湿地保护法》的出台对我国湿地保护工作发挥了积极作用。一是要继续加大对《湿地保护法》的贯彻执行力度，强调湿地保护与合理利用关系。逐步建立、完善鼓励保护与合理利用湿地、限制破坏湿地的经济政策体系；落实将水资源与湿地保护有效结合的经济政策；提高占用天然湿地的成本；制定天然湿地开发的经济限制政策，以及人工湿地管理、开发的经济扶持政策；建立鼓励社会与个人集资捐款以及社会参与保护湿地的机制等。二是加强执法人员培训，提高执法人员的素质。对执法的技术、手段加强研究。三是严格执法，加强执法力度。通过法律和经济手段，处置过度和不合理利用湿地资源的行为，打击破坏湿地资源的违法、犯罪活动。

7.4.1.2　规范湿地保护管理体制，加强对湿地保护、利用的管理

湿地资源保护和合理利用管理涉及多个政府部门和行业，关系多方的利益。一是要根据《甘肃省湿地保护条例》，建立和完善以县级以上林业行政主管部门为主体的湿地保护管理机构，落实人员编制，明确职能职责，加强对湿地保护工作的管理、指导，协调水利、农牧、国土资源、环保等行政主管部门，按照各自的职责，依法做好湿地保护工作。二是要建立、健全各种管理制度。建立对天然湿地开发以及用途变更的生态影响评估、审批管理程序，实施湿地开发环境影响评价制度，在涉及湿地开发利用的重大问题方面，通过部门间的联合行动，采取协调一致的保护行动，严格依法论证、审批并监督实施。三是开展管理能力建设。要通过各种途径加强对管理人员和专业技术人员的培训，提高湿地工作人员的综合素质。积极争取项目资金和财政投资，改善办公条件，配备相应设备，为全面高效开展湿地管理工作创造良好环境。

7.4.1.3　加强湿地周边污染源监管

调查湿地周围污染源的类型、污染物的数量、排污途径及其最大排污量，对排污种类、时间、范围、总量进行规定和限制。有计划治理已受污染的湖泊、河流，并限期达到国家规定的治理标准。对排污超标的部门、企业和单位予以约束和处罚，并限期整改。

推行"清洁生产"工艺，对因开发利用造成的湿地环境破坏问题，要建立由开发利用部门采取补救措施积极加以解决的机制。

7.4.1.4　加强湿地国家公园和湿地公园的建设管理

湿地保护区是人类为了保护自然环境和自然资源，特别是为了拯救和保护某些濒临灭绝的生物物种，监测人类活动对自然界的影响及合理利用自然资源，对有代表性的湿地生态系统依法划出一定的面积，予以特殊保护和管理。湿地保护区对于保护生物多样性，促进科研、文教、旅游等事业以及经

济建设的可持续发展具有重要的作用。建立湿地国家公园，对于恢复湿地生态环境质量，稳定区域气候，保护物种基因库，减少自然灾害的发生，改变贫困面貌，提高当地人民的生活水平，使湿地资源达到永续利用，推动区域社会经济的可持续发展具有深远的历史意义和重大的现实意义。

随着物质文明程度的不断提高，人们的精神生活和行为消费方式也会逐渐发生改变。崇尚自然、返璞归真成为人们的主流取向，这是建设和发展湿地公园的巨大内在动力。湿地公园的建设是推动区域社会经济可持续发展的催化剂，也是湿地保护和保育理论的实践成果。湿地公园应该保持该区域的独特的自然生态系统，并趋近于自然景观状态，维持系统内部不同动植物的生态平衡和种群协调发展，并且在尽量不破坏湿地自然栖息地的基础上建设不同类型的辅助设施，将生态保护、生态旅游和环境教育的功能有机结合起来，实现自然资源的合理开发和生态状况的改善，最终体现人与自然和谐共处的境界。

7.4.1.5 加强宣传教育，提高对湿地保护的认识

开展经常性的公众宣传教育活动，大力宣传有关湿地、湿地保护、湿地资源可持续利用方面的知识，宣传湿地保护的有关法律法规和政策，提高公众对湿地和湿地保护重大意义的认识，增强保护湿地的法律意识。结合特定的活动，如"世界湿地日""爱鸟周""保护野生动物宣传月""禁猎区"等，集中开展有关湿地生态效益和经济价值方面的公众教育活动；充分发挥湿地国家公园、湿地公园的科普宣教和教学实习功能，广泛深入地向各界人士、中小学生普及湿地常识，扩大宣传面，提高全社会对湿地的关心、关注、支持力度。

7.4.1.6 积极开展国际合作与交流

通过双边、多边、政府、民间等合作形式，全方位引进先进技术、管理经验与资金，开展湿地优先保护项目合作；认真履行有关的国际公约，积极探索新的合作途径和方式；积极开展与有关非政府组织、学术机构和团体、基金组织及其友好人士的合作与交流；加强对列入国际重要湿地名录的湿地监管；实施并管理好现有的国际援助项目，同时积极争取新的湿地保护与合理利用项目等工作尤为重要。

7.4.2 湿地可持续发展

7.4.2.1 发展湿地友好型农业

湿地是人类文明的摇篮，其重要原因之一就是湿地为人类提供了大量的粮食、蔬菜及禽肉等农产品。但长久以来，湿地保护与农业生产一直处于对立状态，主要的矛盾体现在土地的利用、水资源的调控和污染物的排放。生态农业不仅创收高，而且由于其内在的环境要求（科学减少农药、化肥的施用量，生物防治病虫害）和生态生产模式可降低污染，将促进湿地生态系统的保护。因此，着重从高经济效益的湿地友好型农业模式入手，一方面增加当地农民的收入，另一方面也促进农田隔离湿地的保护，为本区核心生物多样性提供必要的辅助作用。

7.4.2.2 开展湿地生态旅游

湿地作为环境敏感区面临着严峻的可持续发展问题，在生态建设所实施的湿地保护、湿地恢复的政策背景下，生态旅游无疑是一种较好的替代生计模式。以可持续发展为背景的生态旅游开发及其产业发展，符合湿地地区经济发展的现实和要求。发展湿地生态旅游有着一举两得的生态和经济效益。

7.4.2.3 完善湿地监测体系，深入开展生态监测研究

在技术层面，可以通过对祁连山范围内各类工程项目和湿地资源开发利用情况进行全面、可持续的监测分析，建立完善的甘肃祁连山湿地监测体系，为保护和发展甘肃祁连山湿地提供科学依据和数据支撑。此外，还应深入开展湿地生物多样性、湿地动态变化监测技术、湿地容纳和降解污染物、湿地资源合理利用、湿地效益评估基础研究、湿地生态景观规划建设、湿地恢复与重建等方面的应用技术研究。针对甘肃祁连山湿地合理保护利用模式、湿地生态系统退化恢复技术、湿地生态保护监测系统和湿地资源管理信息系统等问题，积极与高等院校、科研院所等单位开展科技合作和协同创新，共同进行项目研究，加强对祁连山湿地的保护和全面恢复治理。

第8章　酒泉片区湿地资源评价

湿地一词最早出现于1956年，并被定义为"被间歇的或永久的浅水层覆盖的土地"，而根据《湿地公约》，湿地是指天然的或人工的、永久或暂时的沼泽地、泥炭地及水域地带，带有静止或流动的淡水、半咸水及咸水水体，包含低潮时水深不超过6 m的海域。作为陆生生态系统和水生生态系统之间具有独特水文、土壤、植被与生物特征的多功能过渡性生态系统，湿地兼具丰富的自然资源和多种重要的生态功能，被人们誉为"地球之肾""淡水之源""物种基因库"等，在水源涵养、蓄洪调节、水质净化、保护生物多样性以及气候调节等方面发挥着不可或缺的作用。湿地资源内涵丰富，涵盖了水资源、生物资源、旅游资源等多个维度，对维护生态平衡、推动社会发展具有重要意义和实践价值。本章节结合祁连山国家公园酒泉片区湿地资源现状，按照科学性、整体性和层次性原则，提出湿地资源评价指标体系，并从不同维度对酒泉片区湿地资源进行评价。

表8-1　湿地资源评价指标体系

一级指标	二级指标	三级指标	指标内容
祁连山国家公园酒泉片区湿地资源评价	资源禀赋	生物资源	湿地生物种群、重要生物指数及物种多样性
		环境质量	片区湿地的自然环境质量，包括水、土环境质量及人为干扰状况等内容
		生态旅游资源	关系到生态旅游开发潜力的资源内容，包括自然景观资源价值和生物资源质量等

一级指标	二级指标	三级指标	指标内容
祁连山国家公园酒泉片区湿地资源评价	资源价值	生态价值	湿地生态系统在生态保护方面起到的服务功能
		经济价值	湿地生态系统对当地产业经济发展所起到的促进作用
		社会价值	湿地生态系统在科学研究和环境教育等方面体现的社会效益

8.1 湿地生物资源评价

8.1.1 湿地植物资源

在冰川融水的滋养下,酒泉片区大面积保存完好的湿地为湿地植物提供了优越的生长条件。据2023年自然资源调查结果,片区内有高等植物三个门类,共37科94属168种,主要分布在菊科、禾本科、莎草科、苋科、毛茛科、十字花科、柽柳科和车前科等。湿地植物占该区高等植物总科数的65.4%,总属数的40.8%,总种数的34.1%。这充分说明湿地高等植物是该地区植物多样性的主要组成成分,同时体现了显著的区域特有性和突出的学术保护价值。

湿地植物不仅是湿地生态系统的主要生产者,还是维系湿地生态系统平衡的关键力量,在水土保持、水质净化以及维持生态平衡等多个方面发挥着至关重要的作用,是湿地生态系统不可或缺的重要组成部分。

酒泉片区湿地凭借其丰富的植物资源,为留居其中、迁徙路过、每年前来居留繁殖的各类湿地动物以及诸多依赖物种提供了充足的食物来源和理想的栖息场所。因此,湿地植物是湿地生态系统稳定的基底,为维持湿地生境的生物多样性作出了重要贡献。

湿地中交错分布的各类型湿地植物一同在维持湿地生态平衡、促进湿地生态系统的能量流动和物质循环等方面起到了重要作用。湿地植被的根系不仅能够有效固定土壤,减少水土流失,还能通过减缓水流速度,有效降低汛期水流峰值,从而保护湿地水体;而在这些湿地植被的根系以及根际微生物的共同作用下，湿地水体中的氮、磷等营养物质被吸收转化，从而实现水质的净化，为湿地生态系统提供良好的水环境。

湿地植物还承载着其他重要的生态服务价值。一方面，酒泉片区湿地中各个季节交错开放的植物花朵，在高山生境的背景映衬下有着极高的观赏价值，为该地增添独特的景观美感；另一方面，湿地植物能够通过蒸腾作用释放水分，向近地面大气输送水汽，有助于调节区内区域气候。

8.1.2　湿地脊椎动物资源

酒泉片区湿地生境资源丰富，为众多湿地动物提供了理想的栖息、繁衍场所。2023年自然资源调查发现，该区内野生鱼类种类有1目2科2属5种，两栖类有1目2科2属2种，湿地鸟类共有11目17科85种。重要生物指数包括8个一级国家重点保护野生动物，23个二级国家重点保护野生动物。这些动物有的以湿地中丰富的水生生物为食，有的利用湿地的特殊环境筑巢繁衍，有的依赖湿地水源维持生命活动，等等。它们共同展现出了丰富多样的生活习性。

这些湿地动物与湿地植物等其他湿地生物一同构成了复杂的湿地生态系统，并在其中发挥着多重且关键的作用。

首先，作为食物链的重要组成部分，湿地动物通过捕食与被捕食的关系，维持着湿地生态系统中物种数量的相对稳定，为湿地的健康与持续发展提供了有力保障。

其次，湿地属于少有的寒区湿地类型，生活在其中的湿地动物有许多是珍稀特有物种，这些物种资源不仅丰富了湿地生态系统的生物多样性，还为物种保护、生态恢复等研究提供了重要的参考依据，对维持野生物种种群的存续、研究地区物种发展演变等具有重要意义。

再次，湿地动物在环境监测与保护方面也发挥着重要作用。一些湿地动物对环境变化非常敏感，它们的数量、分布和繁殖状况可以作为湿地健康状况的指示器。以湿地鸟类为例，作为最能代表湿地野生动物的类群，湿地鸟类对于湿地环境发生的变化十分敏感，观察和研究这些动物的行为变动，就能够及时发现湿地生态系统所正在发生的变化，从而为湿地保护和管理提供科学依据。

最后，湿地动物资源还具有极高的生态服务价值和文化美学价值。这些动物一方面在维持湿地生态平衡、促进湿地生态系统的能量流动和物质循环等方面发挥了重要作用，另一方面为当地旅游业的发展提供有力支持。

酒泉片区湿地鸟类共有85种，占该区湿地脊椎动物种数的92.4%。在全球8条主要候鸟迁徙路线中，有东亚—西非、东亚—澳大利亚共2条候鸟迁徙路线交会于盐池湾湿地境内，这使得该区成为各种鸟类重要的繁殖地和迁徙途中的停歇地。这些湿地鸟类的存在，为酒泉片区湿地生境极大增添了生机与活力，也成为该区湿地生态的"风向标"。

8.1.3 湿地浮游和底栖生物资源

酒泉片区内大面积的湿地、季节性湖泊和池塘，为浮游植物和底栖生物的生长繁衍提供了理想生境。湿地水体中除水生高等植物，如杉叶藻、眼子菜外，还生长有多种多样的藻类植物。其中，浮游藻类以硅藻门（48种）、蓝藻门（17种）和绿藻门（16种）为主，另有裸藻、甲藻门类藻种各一种，种类丰富。

湿地浮游生物是湿地生态系统中的初级生产者，通过光合作用将太阳能转化为化学能，是湿地生态系统中的重要能量来源，支持着湿地食物网的基础。同时，浮游生物可以通过吸收和转化水体中的营养物质，减少水体富营养化，从而净化湿地水质。因此，浮游生物的种类和数量也可以作为评估湿地水质清洁度的重要生态指标。

湿地底栖动物如蚯蚓、螺类等在参与生态系统物质循环的同时，还能反映生态系统的健康状况和污染水平。一方面，底栖动物参与湿地水体中有机质的分解和循环，将死亡生物体的残体转化为可供植物利用的营养物质；另一方面，底栖动物的群落结构和多样性可以作为湿地环境状况的指示器，帮助监测和评估湿地生态系统的健康状况。常用的底栖动物生物完整性指数就是一种评估水生态系统健康状况的方法：通过比较未受干扰的参照点和受损点的底栖动物群落差异来评价水体质量。此外，通过计算底栖动物总资源量、可支持水鸟总热值和水鸟种群的野外代谢率，还可以评估湿地对水鸟的承载力。

因此，酒泉片区湿地中的浮游生物和底栖生物不仅在维持湿地生态平衡、促进能量流动和物质循环等方面发挥着重要作用，还可以作为评估和监测湿地生态系统健康状况的重要生物指标。通过开展相关的生物资源评价，能够为湿地的保护、管理和合理开发利用决策提供科学的数据支撑。

8.1.4 湿地生物多样性

湿地是多种生物门类栖息、生长、发育的良好生境，是生物的起源地，尤其在干旱区，湿地是生物多样性最高的生态系统，在维持本地区的生态系统稳定性和保护生物多样性方面意义重大。

酒泉片区湿地总面积达 1 357 km²，拥有维管植物37科159属368种，这些植物类群不仅构建了复杂的生态结构，还为其他生物提供了基础的栖息环境和食物来源。区域水体中的浮游藻类种类繁多，达到83种，在水生生态系统的能量流动与物质循环中扮演着关键角色。此外，已有85种湿地鸟类在此栖息繁衍，根据2023年自然资源调查，酒泉片区湿地脊椎动物共92种，约占片区内总脊椎动物种数的33.3%，其中包括8种国家一级重点保护野生动物和23种国家二级重点保护野生动物。酒泉片区的湿地生物多样性极为丰富。

8.2 湿地环境质量评价

8.2.1 水资源状况

酒泉片区内湿地水资源的形成与维持源于一系列复杂且互补的水文过程。主要的水体类型，包括河流水、湖泊水、沼泽积水等，这些多样化的水域环境共同构建了该区域内丰富且多元的湿地生态系统。

具体而言，河流水作为湿地系统的重要构成部分，主要由山区降水和冰川积雪融水供应。在流动过程中，它们为沿岸湿地提供了持续且稳定的水量补给，维系了湿地生态系统的基本水循环。酒泉片区附近地区的年地表径流总量约为15.212亿立方米，降水分布不均匀，年降水量在70 mm到200 mm之间。冰川积雪融水的贡献使年度径流量的年际变化相对较平稳，年径流的变差系数约为0.20。

随着季节的更迭和气候的变暖，来自高山冰川和积雪的融水通过地表径流或地下渗透的方式，为下游湿地提供了重要的水源补给。特别是在干旱季节，这种融水对于维持湿地生态系统的稳定性和生物多样性具有至关重要的作用，是湿地水资源补给机制中不可或缺的一环。

在酒泉片区内选取部分河流进行水质研究，并将指标研究结果与《地表水环境质量标准（GB3838-2002）》进行比较，确定各指标的水质类别，并以最差水质类别作为该水样的评价结果。

研究表明，党河上下游水质为软水，铜锌铁的含量符合Ⅰ类水质的标准。疏勒河上中下游水质为极软水，铜锌铁的含量介于Ⅱ类和Ⅰ类水质的标准之间。野马河中游水质偏硬，铜锌铁的含量符合Ⅱ类水质标准。榆林河水质为软水，铜锌铁的含量介于Ⅱ类和Ⅰ类水质的标准之间。大泉水质为中硬度水，铜锌铁的含量符合Ⅰ类水标准。小泉为极软水，铜锌铁的含量为Ⅰ类水标准。酒泉片区内湿地水资源水质普遍符合国家标准，水量较为丰富，水质清洁、良好。

8.2.2　土壤质量

酒泉片区内湿地丰富的植被根系可以稳固土壤，有效防止水土流失。湿地中植物和微生物通过共同作用降解沉积物和有机质，能够净化污染物质，也有助于丰富土壤养分，提升土壤肥力和质量。

经调研，酒泉片区各沼泽湿地土壤有机质在 0～10 cm 土层含量最高，随着土层加深，有机质含量逐渐降低。所调查湿地土壤的氮、磷含量都在土壤表层达到最大，且随土层加深而逐渐降低。湿地土壤 pH 值均大于 7，呈碱性。

8.2.3　人类活动影响

近年来，酒泉片区不断加大湿地保护力度，采取了一系列措施。如 2018 年，经审批通过后，甘肃盐池湾湿地被国际湿地公约组织批准为国际重要湿地；2019—2021 年，为加强国际重要湿地的生态保护，酒泉分局开展了湿地生态效益补偿补助项目，按每人每年 1.6 万元的标准进行湿地生态效益补偿，共发放补助资金 1 117.05 万元，受益牧民达 216 人。自湿地生态效益补偿补助项目实施以来，通过重点季节轮牧的方式，极大减少了酒泉片区湿地面临的人为干扰。

鸟类是脊椎动物中变动最大的类群，对环境很敏感，在许多区域都是周转率最高的动物类群。其中，水鸟是湿地野生动物中最具代表性的类群，是湿地生态系统的重要组成部分，灵敏和深刻地反映着湿地环境的变迁。最近的科考调查发现，鸟类物种多样性相比 2000 年的科考结果新增很多，鸟类种类和数量显著增加，湿地鸟类达到 85 种，这证明近年来相关保护措施的实施，酒泉片区湿地受到的人为干扰极大地减少了，湿地自然环境得到很好的改善，湿地生态系统得到了有效修复。

8.3 湿地生态旅游资源评价

8.3.1 自然景观资源

酒泉片区地处祁连山西端，青藏高原北缘，平均海拔在3 000 m以上。这里的万载冰川和雪山融水形成了河西走廊内流水系的第二大河——疏勒河，其主要支流——党河，又发育形成了大面积的湿地——盐池湾湿地。2018年盐池湾湿地被列入《国际重要湿地名录》，成为我国第57处国际重要湿地。

根据成因的自然属性，酒泉片区内湿地资源均为天然湿地，根据其地貌特征划分为河流、湖泊、沼泽三大类型，总面积达1 357 km²。其中河流湿地面积为960 km²，湖泊湿地面积为4.8 km²，沼泽湿地面积为536 km²。

酒泉片区具有明显的季节性变化特征，春、夏、秋季绿水倒映雪山，冬季则一片冰封，不同季节有着不同的美丽自然景观；片区内湿地生境复杂多样，包括河流草丛湿地生境区、沼泽湿地生境区和高山草甸湿地生境区，自然景观资源十分丰富。

8.3.2 动植物资源

酒泉片区湿地生物多样性极为丰富，是干旱高寒地区的宝贵绿洲，有湿地脊椎动物92种，以湿地为生境或生于湿地的高等植物有三个门类，共37科94属168种。保存完好的湿地为濒危动植物和珍稀特有物种提供了良好的生存环境，有着丰富的动植物资源。

8.3.3 市场潜力分析

目前酒泉片区的基础设施条件较为简陋，且进入国家公园的卡口检查十分严格，以开展科研考察为主，生态旅游开发还处于规划起步阶段。

大熊猫祁连山国家公园甘肃省管理局酒泉分局目前针对片区生态旅游开展了一系列规划工作，计划在祁连山国家公园成立后，逐步完善生态旅游配套设施建设，并从保护生态和环境可持续发展的角度合理规划游览路线。

彼时，酒泉片区得天独厚的地理环境、复杂多样的湿地生境以及丰富的湿地动植物资源也必将吸引越来越多的人前来观光游憩。同时，周围的两条旅游热线也将有效带动湿地生态旅游的发展。它北邻丝绸之路旅游热线，距国际旅游城市敦煌市116 km，酒泉片区内的石包城遗址距榆林窟30 km，直接受到敦煌旅游热线的拉动作用；东接享誉国内外的青海湖旅游热线，这为本区旅游发展业提供了又一通道。未来酒泉片区湿地的旅游消费市场有着不俗潜力。

8.4　湿地资源价值分析

8.4.1　生态价值

湿地作为陆生生态系统和水生生态系统之间由水陆相互作用形成的特殊自然综合体和多功能过渡性生态系统，在水文调节、气候调节、保护生物多样性和维护地区生态平衡等方面起着极为重要的作用。

8.4.1.1　水源涵养与补给

湿地是大自然的"天然蓄水池"和"生物储水库"。酒泉片区内湿地是重要水源涵养地，作为党河、疏勒河的发源地，为榆林河、石油河提供水源补给。区内生长的灌丛植被及保存完好的湿地具有很好的蓄水、集水和保水功能，有助于减少地区干旱的发生。

酒泉片区内的湿地水资源主要为河流水、湖泊水、沼泽积水和泉水，这些水体的补给来源为自然降水和冰川积雪融水。作为自然水循环中的重要组成部分，片区内湿地吸收和存储水分的同时，还能够减缓地表径流速度，通过渗透增加对地下蓄水层的补给，有助于维持地下水的水位，从而保证对周边持续稳定的供水，是干旱高寒地区"水塔"的蓄水库。

8.4.1.2　调节洪水径流

湿地是自然灾害的"缓冲网"。湿地土壤有着很高的孔隙度，土壤持水量高，是蓄水防洪的天然"海绵"。酒泉片区内面积广阔的湿地能够在汛期减少一次降雨对河流的补给量，完成暂时蓄洪的作用，从而降低洪峰，减缓洪水流速，减轻下游洪水压力。

8.4.1.3　水质净化与改善

湿地具有强大的污水净化能力，能够达到同等地域森林净化能力的1.5倍，是天然的"污水处理厂"。酒泉片区内的湿地存在，能够促进径流污染物的沉降，并在湿地植物和微生物的共同作用下，降解和转化污染物质，从而净化水质，维持水体生态平衡。

对区内部分河流的水质研究表明，酒泉片区湿地水资源水质普遍符合国家标准，但作为重要的水源涵养地，仍旧需要不断重视湿地水资源的保护与管理工作，严格执行国家水资源治理法律法规，确保湿地水资源的质量。

8.4.1.4　调节区域气候

酒泉片区内湿地有大面积水面和湿润土壤，区域植被覆盖率较高，一方面可以通过水平方向的热量和水汽交换，使得周边局部气候具有温和湿润的特点；另一方面，水面、湿润土壤的水分蒸发和植物叶面的水分蒸腾能够持续不断地向近地面大气输送水汽，并在一定程度上诱发降雨，使区域气候条件稳定，对于周边区域的气候调节作用十分关键。因此，酒泉片区保护的湿地有调控环境温度、调节周边气候的功效，对冰川保护具有重要的生态作用，保障了党河、疏勒河这两条干旱荒漠区中重要河流的径流补给。

8.4.1.5　保护生物多样性

酒泉片区内保存良好的湿地在地区物种多样性的形成和维护上也起到了至关重要的作用。湿地为众多动植物提供了栖息繁衍和生长的场所，是濒危鸟类、迁徙候鸟以及其他野生动物的栖息地，也是高寒干旱区生物多样性最高的生态系统，在维持本地区的生态系统稳定性和保护生物多样性方面意义重大。

8.4.2　经济价值

酒泉片区湿地对当地畜牧业具有至关重要的作用。它们提供了丰富的饲料资源、水源和良好的生态环境，帮助畜牧业可持续发展。同时，湿地保护和管理对于维护生态平衡、增强生态系统稳定性都极其关键。

一是丰富的饲料资源。湿地通常具有丰富的湿地植物和水生植物，这些植物提供了丰富多样的饲料资源。湿地中的浅水区域常常滋生着各种水生植物，如苔草、莎草等，它们是畜牧业中重要的放牧和饲料来源。

二是提供水源和饮水。湿地通常拥有丰富的水资源，包括湖泊、河流和湿地沼泽等。这为畜牧业提供了持续的饮水来源。

三是适宜的生态环境。湿地环境通常湿润且富含养分，这为畜牧业提供了良好的生态环境。湿地的气候和植被组成有利于家畜的饲养和繁殖。

四是生态系统服务提供者。湿地作为自然生态系统的一部分，提供了多项生态系统服务，其中包括水调节、水质净化、土壤保持等。这些服务为畜牧业提供了生产所需的支持，如提供水源、改善土壤质量等。

8.4.3 社会价值

酒泉片区作为一个综合性的保护地，其核心使命在于实现生态保护的最高标准，同时融合科学研究、环境教育等多重功能，以国家公园的形态为主体，构建一个多元化的自然保护与管理体系，在保护生物多样性、维持生态平衡、促进科学研究和环境教育等方面发挥着重要作用。

8.4.3.1 物种保存

酒泉片区湿地的区域水文调节和气候调节等生态功能在保护自然资源、维护生态环境方面起到了不可或缺的重要作用。依赖酒泉片区湿地生存、繁衍的野生动植物极为丰富，其中有许多是珍稀的特有的物种。湿地不仅为生活在其中的鸟类、鱼类提供了丰富的食物资源和良好的生存环境，更在物种保存和物种多样性保护上发挥着至关重要的作用，是重要的遗传基因库，对维持野生物种种群的存续、筛选改良具有商品意义的物种均具有重要意义。

8.4.3.2 科研教育

酒泉片区位于青藏高原高原亚寒带，气候寒冷干燥，其湿地类型属于寒区湿地，即长期处在极端寒冷的环境，其土壤受低温因素影响而常年或季节性以冻土形态存在。寒区湿地极易受到气候和环境变化的影响，在结构和功能上具有其特有的性质。因此，酒泉片区的湿地是极为重要的湿地类型，对于中国湿地的环境监测、管理与保护具有重要的意义，在生态保护和利用上具有非常高的研究价值。

近年来，酒泉片区湿地已成为研究湿地生态系统发生、发展及其演替规律的活教材，吸引了许多著名国内外科学家的关注并前来考察。围绕酒泉片区湿地生境及生物资源开展了多项科研工作，并出版发行了多项学术成果。此外，酒泉片区湿地丰富的自然生境和生物资源还为围绕生物多样性保护、生态环境保护、湿地生态功能等主题的社会科普教育活动提供了得天独厚的条件。这些活动能够通过自然教育的形式在加深人们对于湿地的认识和了解的同时，进一步宣传和推广绿色环保理念，使公众对濒危动植物和珍稀特有物种有更深入的了解，在增强文化自信的同时，激发公众对大自然的敬畏与保护之心。

第9章 酒泉片区湿地资源保护与可持续发展策略

9.1 湿地保护规划的指导思想、原则和目标

湿地是重要的自然生态系统，是维护国家生态安全的重要基础，具有涵养水源、调节气候、改善环境、维护生物多样性等生态功能，与人类生存发展息息相关，被誉为"地球之肾"。党的十八大以来，以习近平同志为核心的党中央高度重视湿地保护和修复工作，把湿地保护作为生态文明建设的重要内容，作出了一系列强化湿地保护修复、加强制度建设的决策部署。2021年12月，习近平总书记签署102号主席令，公布了《中华人民共和国湿地保护法》。按照《湿地保护法》关于编制湿地保护规划的要求，在总结评估"十三五"全国湿地保护工作的基础上，经深入调查研究和充分征求意见，形成了《全国湿地保护规划（2022—2030年）》。

酒泉片区湿地作为北方防沙带重要湿地，要以推动全面保护湿地生态系统，加强系统综合整治和自然恢复，提升水鸟等珍稀濒危物种生境为主攻方向，统筹开展湿地恢复、河湖修复，加强重要湿地整体保护、统一规划、协同治理，对集中连片、功能退化的自然湿地进行系统修复和综合整治。深入开展河湖修复、湿地恢复和地下水超采综合治理，提高湿地生态系统稳定性。

要落实湿地修复制度，采取近自然措施，重点在"三区四带"生态功能严重退化的湿地开展综合整治和系统修复，优先在30个重点区域实施湿地保护修复项目。充分考虑湿地资源禀赋条件和承载能力，采取泥炭沼泽湿地保护、野生动植物生境修复、植被恢复、红树林生态修复等措施，修复退化湿地，提高湿地生态系统功能。

9.1.1 指导思想

以习近平新时代中国特色社会主义思想为指导，认真践行习近平生态文明思想，牢固树立绿水青山就是金山银山的理念，坚持尊重自然、顺应自然、保护自然，统筹山水林田湖草沙一体化保护和系统治理，以全面保护湿地和提供优质生态产品为目标，以推进湿地高质量发展为主线，以实施重大保护修复工程为抓手，全面贯彻实施《湿地保护法》，建立健全部门协作、总量管控、分级分类管理、系统修复、科学利用的湿地保护管理体系，为建设生态文明、美丽中国和人与自然和谐共生的现代化作出新贡献。

9.1.2 基本原则

坚持保护优先、自然恢复为主。实行最严格的湿地保护制度，严守生态保护红线，对现有湿地生态系统的结构、功能和生态过程进行有效保护；以自然恢复为主，人工干预为辅，科学修复退化湿地生态系统。

坚持系统治理、统筹科学施策。坚持山水林田湖草生命共同体理念，统筹水源涵养、水质净化、固碳增汇、生物多样性保护，推进上下游、左右岸、干支流协同治理，开展全面保护、系统修复、综合治理，提升湿地生态系统的质量和稳定性。

坚持聚焦重点、示范引领带动。考虑不同区域湿地特点和建设条件，优先支持"三区四带"的重要湿地实施保护修复工程，充分发挥国家重点项目的示范带动作用，引导地方同步实施一批保护修复项目，最大程度地发挥投资效益。

坚持协同发展、推动合作共赢。全面履行《湿地公约》，健全国际合作体系，广泛宣传我国生态文明建设成果和理念，引进国外湿地保护先进经验和技术，实现高质量引进来和高水平走出去，为构建人类命运共同体作出贡献。

9.1.3 规划目标

根据酒泉湿地规划总体规划，规划期限为2016—2030年，近期目标（2016—2020）为设立湿地保护监管体系、建设湿地保护界线、开展水系连通工程来恢复退化的湿地，并加强宣传湿地的重要性，呼吁人们关注与爱护生态环境。中远期目标（2021—2030）为实施退耕还湿工程、动植物栖息地保护工程，加强湿地生态补水和水系连通工程使全域湿地恢复达到90%以上，从根本解决湿地的生态服务功能，提升肃州区的生态安全水平，并协调全域的经济发展，实现综合效益。

9.2 盐池湾国际重要湿地简介

盐池湾湿地位于甘肃省酒泉市肃北蒙古族自治县东南部，地处祁连山西端、青藏高原北缘，平均海拔在3 000 m以上，2018年被列入国际重要湿地名录。作为酒泉片区的一部分，盐池湾国际重要湿地是由野马南山与党河南山两山之间形成的河流盆地与峡谷地带构成。西至酒泉片区独山子，西南以党河南山南坡下缘湿地为界，东至党河富民桥止，东北以野马南山南坡下缘湿地为界。

盐池湾湿地生物多样性极为丰富，拥有维管植物37科159属368种，其中，蕨类植物1科1属2种，种子植物36科158属366种。在全球8条主要候鸟迁徙路线中，东亚—西非、东亚—澳大利亚2条候鸟迁徙路线在盐池湾交会，这使得盐池湾湿地成为各种鸟类重要的繁殖地和迁徙途中的停歇地。在盐池湾湿地境内，有湿地鸟类85种，优势种主要有黑颈鹤、斑头雁、赤麻鸭、红脚鹬等。

河流湿地、沼泽湿地、湖泊湿地相融一体，构成蜿蜒曲折的美丽盐池湾湿地。根据成因的自然属性，片区内湿地资源均为天然湿地，根据其地貌特征划分为河流、湖泊、沼泽三大类型，总面积达1 357 km²。其中河流湿地面积为60 km²，湖泊湿地面积为670 km²，沼泽湿地面积为920 km²，内陆滩涂面积为370 km²。

受高原地形地貌及相对闭合地理环境的影响，盐池湾湿地形成了典型的内陆闭合性结构特征，主要植被有草甸植被、沼泽植被和水生植被。湿地等与草地畜牧业构成了一个完整的、天然的、和谐的生态系统。它们相互依存、相互影响，具有不可替代性。

甘肃盐池湾国际重要湿地孕育了西北干旱区典型的河流湿地、湖泊湿地、库塘湿地和沼泽湿地，片区内的湖泊湿地、草本沼泽湿地、河流湿地和库塘湿地具有典型性。片区所处的独特地理位置以及分层多样的湿地类型、丰富的动植物资源，为西北干旱地区湿地生态系统孕育了典型的生态服务功能。

甘肃盐池湾国际重要湿地位于青藏高原北缘，祁连山西段的高寒山区，万载冰川和雪山融水形成了河西走廊内流水系的第二大河——疏勒河，其主要支流——党河、野马河、榆林河，发育形成了大面积的湿地，这片湿地根据地貌特征划分为河流、湖泊、沼泽三大类型，总面积达1 357 km²，维护着河西走廊西端的生态安全，为敦煌、玉门、瓜州、肃北、阿克塞等地提供了生产生活重要水源。

盐池湾湿地集山、水、林、田、湖、草、沙于一体，以其特殊的高原湿地区位，不仅对生物多样性的保护与发展具有重要意义，而且维护着河西走廊西端的生态安全。它能够涵养水源，在发生大规模降雨时调节水流量，补充地下水；蓄洪防旱，为敦煌、玉门、瓜州、肃北乃至河西地区提供生产生活的重要水源。盐池湾湿地水网密布，植物在生长过程中通过吸收水中的无机氮、磷等营养物质，以及镉、砷、汞等重金属，与土壤、微生物共同作用，降解和转化了污染物质，控制土壤侵蚀，就像一个天然的污水净化器，起到了净化水源的作用。湿地水面产生的大量水汽，使得周围空气变得湿润，调节了气候，并促进空气中悬浮颗粒物的沉降，提升了空气质量。

9.3 湿地保护和可持续利用的总体构想

9.3.1 生态效益

酒泉片区湿地生态保护与修复项目的实施，将有效地保护祁连山等地区的生态环境，在遏制水土流失、修复湿地、减轻自然灾害等方面取得比较显著的生态效益，有效改善试点区域的生态环境，维护生态屏障功能，保障国家生态安全。

湿地以其特殊的高原湿地区位，对生物多样性的保护与发展具有重要意义。该区内良好的生态环境和丰富的食物资源为鸟类提供了理想的生存和繁殖栖息地，也为多种珍稀濒危野生动物提供了必需的迁徙、越冬和繁殖场所。湿地生态环境恢复和治理使得大量野生动物能在不受干扰的情况下生存和繁衍，从而维护和丰富了盐池湾湿地生物多样性和景观多样性，有助于增加湿地生态系统的资源承载力水平，提高鸟类栖息地适宜性，尤其是重点保护的珍稀濒危动植物得到更有效的保护。该区域草原和荒漠植被景观镶嵌分布，使该区成为一个类型多样、空间格局丰富和季节变化显著的湿地区域，特别是沙漠戈壁环绕之下湿地和生物景观的独特形式，在我国西北干旱区生态系统中具有典型性和特殊性。

9.3.2 经济效益

湿地分布区的野生动植物资源具有极其重要的经济价值。对酒泉片区湿地的保护与修复具有重要作用，不仅保护了野生动植物及其生境，使湿地野生动植物种群得到恢复和完善，提供了充足的湿地资源；而且随着保护管理机构的完善，保护管理队伍得到壮大，管理能力得到提高，执法力度得到加强。偷猎和非法野生动植物贸易和犯罪活动日趋减少，这有利于促进湿地野生动植物保护事业的健康发展，将有效制止湿地的过度利用，引导湿地走上合理开发、协调发展的轨道，实现资源开发与环境保护的同步发展。

对湿地的保护与修复不仅有着巨大的直接经济效益，潜在的间接效益更是不可估量的。保护湿地就是保护生态，就是保护生命之源，使其正常发挥湿地生态系统的调蓄功能，大大减少洪涝灾害造成的损失。通过对酒泉片区湿地的保护与修复，区域水土资源得到有效的利用，为当地粮食安全问题的解决和经济的发展提供了大量有用的水土资源，也为县域经济快速、持续、健康、稳定发展夯实基础，注入新的活力。此外，遗传资源本身具有极大的潜在经济价值，而由生态效益和社会转化而来的间接经济效益，主要体现在湿地蓄洪防旱、调节气候、控制土壤侵蚀、促淤造陆和降解环境污染等方面。保护生物多样性的同时也保护了未来的发展选择，使对湿地物种所具有的巨大潜在价值的认识越来越清楚。通过湿地野生动植物资源的就地保护和人工培育，它们的价值将日益得到挖掘和开发。

依托湿地生态环境修复，通过调水补播、禁牧封育和土壤盐渍化治理等措施，实现对湿地生态系统保护、湿地恢复、湿地宣传教育和合理利用湿地资源的建设目标，合理利用湿地的水资源、盐沼地资源和生物资源。甘肃盐池湾国际重要湿地的保护与管理活动及区内事业的正常和持续开展，将需要更多的管理保护人员，可聘用当地就业困难人员、贫困家庭劳动力和返乡农民工，参与酒泉片区的日常建设和管理，为当地居民提供一定数量的就业岗位，以改善民生和缓解资源保护与开发利用的矛盾，促进地方社会经济的全方位和可持续发展。在保护湿地生态环境的前提下，合理利用湿地的自然资源和文化资源等，发展生态休闲等特色产业，带动县域及周边村镇住宿、餐饮等相关产业的发展，可为周边村落原居民寻找合适的替代工作岗位，增加村民收入，实现城乡统筹发展，促进社会和谐。

9.3.3　社会效益

9.3.3.1　促进甘肃省自然保护事业健康发展

加强酒泉片区湿地的保护，提升广大民众对自然保护和自身生存与发展关系的理解与认知，达成保护自然就是保护自身生存与发展的基础和空间的共识，并转化为保护自然的持久热情和自觉行动。这有利于有效打击偷猎和非法野生动植物贸易犯罪，保护珍稀濒危鸟类等野生动植物及其生境，有效恢复与发展野生动植物种群，从而保证酒泉片区湿地的有效保护与可持续发展；而且有助于提高酒泉片区的整体保护与管理能力，促进甘肃省自然保护事业的健康发展，加快甘肃省生态文明的建设进程。

9.3.3.2　为社会持续发展提供良好的生态环境

加强酒泉片区湿地的保护，可为当地和周边地区的社会经济可持续发展提供更好的生态环境支撑，为社区内外广大人民提供亲近自然、回归自然、游憩养生和欣赏美景的场所与机会，从而达到健身净心、身心健康的目的。在享受湿地景观和良好环境的同时，体验和感受浓郁的湿地生态文化和地方民俗文化，丰富群众湿地文化知识，唤起公众自然保护意识，促进自然资源保护，推动精神文明建设，促进湿地文化传播。

9.3.3.3　改变民众的生产和生活方式

随着甘肃盐池湾国际重要湿地保护事业的正常和持续开展，将需要更多的管理保护人员，参与片区的日常建设和管理，为当地居民提供一定数量的就业岗位；与此同时，生态研学和科学研究等产业的发展，也将为社区居民提供新的就业岗位，有助于形成自然保护的社区共管共治机制，提高自然保护效果，并改善当地居民的生产和生活条件。这将彻底改变甘肃盐池湾湿地内外人民原有的生产生活方式，扩大其社会活动范围，提升包括就读学生在内的广大民众的受教育水平，最终提高其生活质量和文化素质。

9.3.3.4　科研和宣教基地

酒泉片区湿地相对完整的、原生态的、多样的生态系统和丰富的生物资源，使其成为地理环境、气候变迁、人类影响和社区共管共治等自然生态保护机制与社会经济发展方式变革等自然科学与社会科学研究的天然实验室。酒泉片区湿地的保护与管理活动，将提高保护管理人员、自然资源和环境开发利用者、当地社区人员及青少年的自然保护与资源合理利用的意识。有组织地开展认识自然、保护自然的全民性宣传教育活动，建立包括设置动植物科普教育标牌与自然保护宣传栏、开展夏令营活动、进行湿地基础知识和自然保护法律法规学习等多种形式在内的湿地环境和生物多样性保护宣传教育体系，提高社会公民对湿地和自然保护重要性的认识，并转化为具体的保护行动。加强湿地的保护，还有助于提高酒泉分局履行《湿地公约》和《生物多样性公约》等国际公约的能力。

9.4 湿地保护规划实施的保障

9.4.1 政策保障

认真学习、全面领会并严格执行党和国家以及各级地方政府及其行政主管部门有关国家公园、自然保护地的方针和政策，尤其是党的十九大、第十三届全国人大有关自然资源和生态环境保护与合理利用的会议精神，与习近平总书记有关"山水林田湖草"和"绿水青山就是金山银山"的生态文明建设理念，形成正确的国家公园保护管理思想，建立坚实的自然保护政策基础。

根据《中华人民共和国森林法》《中华人民共和国野生动物保护法》《甘肃省实施野生动物保护法办法》《甘肃省湿地保护条例》等法律、法规，建立健全国家公园管理规章制度和条例，以地方法规的形式确定国家公园的范围、重点保护对象、保护管理机制、管理办法等，完善制度建设，强化依法行政管理，使保护管理工作有法可依、有章可循，以保证日常保护工作正常有序进行。

9.4.2 组织保障

切实加强自然保护主管部门对国家公园管理与保护工作的领导、确保国家公园管理与保护工作顺利开展并取得良好成效。建立、健全国家公园的各类管理与保护机构，配备必要的自然保护与管理专门人员，特别是专业技术人员，以保证国家公园各项工作的顺利进行。成立主管领导为组长、分管领导为副组长、各管护站点负责人为组员的管理与保护工作领导小组，建立自上而下、层层落实的组织机构。

将国家公园的管理和保护内容纳入主管部门的长远规划和年度计划之中，并把管理与保护工作绩效纳入各级政府的任期考核目标之中，明确各级领导的相应管理与监督职责，实行定期考核和离任考核，奖优罚劣，以切实加强各级政府及其业务主管部门对国家公园管理与保护的领导与监督。充分发挥国家公园管理机构内部党组织、纪检部门、工会以及职工对国家公园保护管理行政执法事前、事中和事后的监督作用，确保自然保护管理依法循规、廉政高效。

依据自然保护法律法规，制定并逐步完善国家公园的各项规章制度；根据岗位性质，明确管理职责、执法程序和考核要求，实行岗位责任制或者目标责任制，形成科学、可行的自然保护管理体系和考核评估指标体系，使国家公园的保护与管理正常、有序地开展。

9.4.3　技术培训

根据自然保护管理岗位的责任要求，建立健全岗前培训、岗位培训和终身教育的人才培养机制；通过定期、不定期、轮训和定向培养等各种形式的培训教育，使员工做到达标上岗和持证上岗，以确保自然保护管理的质量和效率。实行岗位目标责任制和岗位责任奖罚制，将业绩考核与报酬、晋升、晋级、调离、下岗和辞退等奖惩措施挂钩，以调动员工的工作积极性和负责性。

建立以相关国内外科研院所专家学者为依托的利用机制，让其在国家公园管理模式咨询、保护项目设计、未知物种鉴定、资源环境监测和资源合理利用等方面提供技术咨询、业务指导和专门培训，确保保护工作有序、有效地开展。

9.4.4　监测评价

加强对湿地生态系统及生物多样性、水土流失的监测力度，健全检测机构，完善监测体系，规范技术标准，强化监测职能，推动和提高生态预警能力。研究制定不同区域科学发展综合绩效评价指标和考核办法，实施分类考核评价，提高生态保护建设指标的权重，加强对经济社会可持续发展能力、基本公共服务水平、生态产品提供能力等方面的评价，定期发布量化评价考核情况。

附录1 酒泉片区湿地维管植物名录

1 木贼科 Equisetaceae

（1）问荆 *Eauisetum arvense* Linn.

（2）节节草 *Equisetum ramosissimum* Desf.

2 杨柳科 *Salicaceae*

（3）小叶杨 *Populus simonii* Carr.

（4）青山生柳 *Salix oritrepha* Sohneid. var. *amnematchinensis*（Hao）C. F. Fang

（5）线叶柳 *Salix wilhelmsiana* M. Bieb.

（6）小红柳 *Salix microstachya* var. *bordsis*（Nakai）C. F. Fang

3 蓼科 Polygonaceae

（7）冰岛蓼 *Koenigia islandica* Linn.

（8）西伯利亚蓼 *Polygonum sibiricum* Laxm.

（9）珠芽蓼 *Polygonum viviparum* Linn.

（10）圆穗蓼 *Polygonum macrophyllum* D. Don

（11）萹蓄 *Polrgonum aviculare* Linn.

（12）岐穗大黄 *Rheum przewalskyi* A. Los.

（13）巴天酸膜 *Rumex patientia* Linn.

（14）水生酸膜 *Rumex aquaticus* Linnaeus

4 藜科 Chenopodiaceae

（15）平卧碱蓬 *Suaeda prostrata* Pall.

（16）盐角草 *Salicornia europaea* Linn.

（17）西伯利亚滨藜 *Atriplex sibirica* Linn.

（18）中亚滨藜 *Atriplex centralasiatica* Il jin

（19）滨藜 *Atriplex patens*（Litv.）Il jin

（20）鞑靼滨藜 *Atriplex tatarica* Linn.

（21）大苞滨藜 *Atriplex centralasiatica* var. *megalotheca*（Popov ex Il jin）G.
　　　L. Chu

（22）平卧轴藜 *Axyris prostrata* Linn.

（23）尖叶盐爪爪 *Kalidium cuspidatum*（Ung. -Sternb.）Grub.

（24）黄毛头 *Kalidium cuspidatum* var. *sinicum* A. J. Li

（25）细枝盐爪爪 *Kalidium gracile* Fenzl

（26）盐爪爪 *Kalidium foliatum*（Pall.）Moq.

（27）珍珠猪毛菜 *Salsola passerina* Bge.

（28）猪毛菜 *Salsola collina* Pall.

（29）蒿叶猪毛菜 *Salsola abrotanoides* Bge.

（30）新疆猪毛菜 *Salsola sinkiangensis* A. J. Li

（31）蒙古虫实 *Corispermum mongolicum* Il jin

（32）藜 *Chenopodium album* Linn.

（33）灰绿藜 *Chenopodium glaucum* Linnaeus

（34）刺藜 *Chenopodium aristatum* Linn.

（35）小白藜 *Chenopodium iljnnii* Golosk

（36）雾冰藜 *Bassia dasyphylla*（Fisch. et C. A. Mey.）Kuntze

（37）黑翅地肤 *Kochia melanoptera* Bge.

（38）白茎盐生草 *Halogeton arachnoideus* Moq.

（39）垫状驼绒藜 *Ceratoides compacta*（Losina-Losinskaja）Grubov

5　石竹科 Caryophyllaceae

（40）山卷耳 *Cerastium pusillum* Seringe

（41）繁缕 *Stellaria media*（Linn.）Cyr.

（42）伞花繁缕 *Stellaria subumbellata* Edgeworth

（43）沙生繁缕 *Stellaria arenaria* Maxim.

（44）漆姑无心菜 *Arenaria saginoides* Maxim

（45）女娄菜 *Silene aprica* Turcz. ex Fisch. et Mey.

（46）隐瓣蝇子草 *Silene gonosperma*（Rupr.）Bocquet

（47）蔓茎蝇子草 *Silene repens* Patr.

6　毛茛科 Ranunculaceae

（48）单花翠雀花 *Delphinium candelabrum* var. *monanthum*（Hand. - Mazz.）W. T. Wang

（49）白蓝翠雀花 *Delphinium albocoeruleum* Maxim.

（50）碱毛茛 *Halerpestes sarmentosa*（Adams）Komaroov et Alissova

（51）长叶碱毛茛 *Halerpestes ruthenica*（Jaiq.）Ovcz

（52）三裂碱毛茛 *Halerpestes tricuspis*（Maxim.）Hand. - Mazz.

（53）棉毛茛 *Ranunculus membranaceu*s Royle

（54）苞毛茛 *Ranunculus similis* Hemsl.

（55）叶城毛茛 *Ranunculus yechengensis* W. T. Wang

（56）圆裂毛茛 *Ranunculus dongrergensis* Hand. - Mazz.

（57）深圆裂毛茛 *Ranunculus dongrergensis* var. *altifidus* W. T. Wang

（58）浮毛茛 *Ranunculus natans* C. A. Mey

（59）栉裂毛茛 *Ranunculus pectinatilobus* W.T. Wang

（60）鸟足毛茛 *Ranunculus brotherusii* Freyn

（61）深齿毛茛 *Ranunculus popovii* var. *stracheyanus*（Maxim.）W. T. Wang

（62）裂叶毛茛 *Ranunculus pedatifidus* Smith

（63）云生毛茛 *Ranunculus longicaulis* var. *nephelogenes*（Edgew.）L. Liou

（64）甘青铁线莲 *Clematis tangutica*（Maxim）Korsh.

（65）美花草 *Callianthemum pimpinelloides*（D. Don）Hook. f. et Thoms.

（66）蒙古白头翁 *Pulsatilla ambigua*（Turcz. ex Hay.）Juz.

（67）腺毛唐松草 *Thalictrum foetidum* Linn.

（68）直梗高山唐松草 *Thalictrum alpinun* Linn. var. *elatum* Ulbrich

（69）芸香叶唐松草 *Thalictrum rutifolium* Hook. f. et Thoms.

（70）叠裂银莲花 *Anemone imbricata* Maxim.

7 小檗科 Berberidaceae

（71）置疑小檗 *Berberis dubia* Schneid.

8 罂粟科 Papaveraceae

（72）直茎黄堇 *Corydalis stricta* Steph. ex Fisch

（73）红花紫堇 *Corydalis livida* Maxim.

（74）细果角茴香 *Hypecoum leptocarpum* Hook.f. et Thoms.

9 十字花科 Brassicaceae

（75）藏荠 *Hedinia tibetica*（Thoms.）Ostenf.

（76）单花荠 *Pegaeophyton scapiflorum*（Hook. f. et Thoms.）Marq. et Shaw

（77）阿拉善独行菜 *Lepidium alashanicum* S. L. Yang

（78）宽叶独行菜 *Lepidium latifolium* Linn.

（79）柱毛独行菜 *Lepidium ruderale* Linn.

（80）碱独行菜 *Lepidium cartilagineum*（J. May.）Thell.

（81）头花独行菜 *Lepidium capitatum* Hook. f. & Thoms.

（82）心叶独行菜 *Lepidium cordatum* Willd. ex. Setv

（83）毛果群心菜 *Cardaeia pubescens*（C. A. Mey.）Jarm.

（84）盐泽双脊荠 *Dilophia salsa* Thoms.

（85）紫花糖芥 *Erysimum funiculosum* Hook. f. et Thoms.

（86）小花花旗杆 *Dontostemon micranthus* C. A. Mey.

（87）腺花旗杆 *Dontostemon glandulosus*（Kar. et Kir.）O. E. Schulz

（88）扭果花旗杆 *Dontostemon elegans* Maxim.

（89）线叶羽裂花旗杆 *Dontostemon pinnatifidus* subsp. *linearifolius*（Maxim.）Al-Shehbaz & H. Ohba

（90）灰毛庭荠 *Alyssum canescens* de Candolle

（91）阿尔泰葶苈 *Draba altaica*（C. A. Mey.）Bge.

（92）喜山葶苈 *Draba oreades* Schrenk

（93）毛叶草苈 *Draba lasiophylla* Royle

（94）红花肉叶荠 *Braya rosea*（Turcz.）Bge.

（95）蚓果芥 *Torularia humilis*（C. A. Mey.）O. E. Schulz.

（96）垂果大蒜芥 *Sisymbrium heteromallum* C. A. Mey.

（97）少腺爪花芥 *Oreoloma eglandulosum* Botsch.

（98）短果念珠芥 *Neotorularia brachycarpa*（Vass.）Hedge & J. Léonard

（99）涩荠 *Malcolmia africana*（Linn.）R. Brown

10　景天科 Crassulaceae

（100）小丛红景天 *Rhodiola dumulosa*（Franch.）S. H. Fu

（101）圆丛红景天 *Rhodiola coccinea*（Royle）Boriss

（102）唐古红景天 *Phodiola tangutica*（Maxim）S. H. Fu

（103）四裂红景天 *Rhodiola quadrifida*（Pall.）Fisch. et Mey

（104）虎耳草科 *Saxifragaceae*

（105）三脉梅花草 *Parnassia trinervis* Drude

（106）山羊臭虎耳草 *Saxifraga hirculus* Linn.

（107）唐古特虎耳草 *Saxifraga tangutica* Engl.

（108）零余虎耳草 *Saxifraga cernua* Linn.

11　蔷薇科 Rosaceae

（109）西北沼委陵菜 *Comarum salesovianum*（Steph.）Aschers. et Graebn.

（110）二裂委陵菜 *Potentilla bifurca* Linn.

（111）密枝委陵菜 *Potentilla virgata* Lehm.

（112）高原委陵菜 *Potentilla pamiroalaica* Juzep.

（113）蕨麻 *Potentilla anserina* Linn.

（114）钉柱委陵菜 *Potentilla saundersiana* Royle

（115）丛生钉柱委陵菜 *Potentilla saundersiana* var. *caespitosa*（Lehm.）Wolf

（116）窄裂委陵菜 *Potentilla angustiloba* T. T Yu & C. L. Li

（117）多裂委陵菜 *Potentilla multifida* Linn.

（118）羽裂密枝委陵菜 *Potentilla virgata* var. *pinnatifida* （Lehm.） T. T. Yu
   & C. L. Li

（119）多叶绢毛委陵菜 *Potentilla sericea* var. *polyschista* （Boiss.） Lehm.

（120）小叶金露梅 *Potentilla parvifolia* Fisch. ex Lehm.

（121）砂生地蔷薇 *Chamaerhodos sabulosa* Bge.

（122）伏毛山莓草 *Sibbaldia adpressa* Bge.

12　豆科 **Fabaceae**

（123）甘草 *Glycyrrhiza uralensis* Fisch. ex DC.

（124）毛柱膨果豆 *Phyllolobium flavovirens* （K. T. Fu） M. L. Zhang &
   Podlech

（125）红花岩黄耆 *Hedysarum multijugum* Maxim.

（126）苦马豆 *Sphaerophysa salsula* DC.

（127）披针叶野决明 *Thermopsis lanceolata* R. Br.

（128）草木犀 *Melilotus officinalis* （Linn.） Pall.

（129）斜茎黄耆 *Astragalus laxmannii* Jacq.

（130）团垫黄耆 *Astragalus arnoldii* Hemsl.

（131）大通黄耆 *Astragalus datunensis* Y. C. Ho

（132）茵垫黄耆 *Astragalus mattam* Tsai et Yü

（133）多枝黄耆 *Astragalus polycladus* Bur. et Franch.

（134）雪地黄耆 *Astragalus nivalis* Kar. et Kir

（135）柴达木黄耆 *Astragalus kronenburgii* var. *chaidamuensis* S. B. Ho

（136）多毛马衔山黄耆 *Astragalus mahoschanicus* var. *multipilis* Y. H. Wu

（137）变异黄耆 *Astragalus variabilis* Bge.

（138）马衔山黄耆 *Astragalus mahoschanicus* Hand. -Mazz.

（139）肾形子黄耆 *Astragalus skythropos* Bge.

（140）丛生黄耆 *Astragalus confertus* Benth. ex Bge.

（141）甘肃黄耆 *Astragalus licentianus* Hand. -Mazz.

（142）蓝花棘豆 *Oxytropis caerulea* （Pall.） DC.

（143）胶黄耆状棘豆 *Oxytropis tragacanthoides* Fisch.

（144）镰荚棘豆 *Oxytropis falcata* Bge.

（145）细叶棘豆 *Oxytropis glabra* var. *tenuis* Palib.

（146）宽苞棘豆 *Oxytropis latibracteata* Turtz.

（147）黄花棘豆 *Oxytropis ochrocephala* Bge.

（148）密丛棘豆 *Oxytropis densa* Benth. ex Bge.

（149）胀果棘豆 *Oxytropis stracheyana* Bge.

（150）小花棘豆 *Oxytropis glabra*（Lam.）DC.

（151）甘肃棘豆 *Oxytropis kansuensis* Bge.

（152）密花棘豆 *Oxytropis imbricata* Kom.

（153）黑萼棘豆 *Oxytropis melanocalyx* Bge.

（154）牻牛儿苗科 **Geraniaceae**

（155）西藏牻牛儿苗 *Erodium tibetanum* Edge.

13 白刺科 Nitrariaceae

（156）小果白刺 *Nitraria sibirica* Pall.

（157）大白刺 *Nitraria roborowskii* Kom.

（158）白刺 *Nitraria tangutorum* Bobr

14 蒺藜科 Zygophyllaceae

（159）骆驼蓬 *Peganum harmala* Linn.

（160）骆驼蒿 *Peganum nigellastrum* Bge.

15 大戟科 Euphorbiaceae

（161）青藏大戟 *Euphorbia altotibetica* Paul.

16 柽柳科 Tamaricaceae

（162）具鳞水柏枝 *Myricaria squsmosa* Desv.

（163）匍匐水柏枝 *Myricaria prostrata* Hook. f et Thoms. ex Benth. Hook. f.

（164）宽苞水柏枝 *Myricaria bracteata* Royle

（165）盐地柽柳 *Tamarix karelinii* Bge.

（166）细穗柽柳 *Tamarix leptostachya* Bge.

（167）多枝柽柳 *Tamarix ramosissima* Ledeb.

（168）多花柽柳 *Tamarix hohenackeri* Bge.

17　胡颓子科 Elaeagnaceae

（169）肋果沙棘 *Hippophae neurocarpa* S. W. Liu et T. N. He

18　杉叶藻科 Hippuridaceae

（170）杉叶藻 *Hippuris vulgaris* Linn.

19　伞形科 Apiaceae

（171）碱蛇床 *Cnidium salium* Turcz.

（172）裂叶独活 *Heracleum millefolium* Diels

（173）三辐柴胡 *Bupleurum triradiatum* Adams ex Hoffm.

（174）毛果狭腔芹 *Stenocoelium trichocarpum*

（175）海东棱子芹 *Pleurospermum hookeri* C. B. Clarke var. *haidongense* J. T. Pan

（176）葛缕子 *Carum carvi* Linn.

（177）长茎藁本 *Ligusticum thomsonii* C. B. Clarke

20　报春花科 Primulaceae

（178）甘青报春 *Primula tangutica* Duthie

（179）天山报春 *Primula nutans* Georgi

（180）大苞点地梅 *Androsace maxima* Linn.

（181）北点地梅 *Androsace septentrionalis* Linn.

（182）羽叶点地梅 *Pomatosace filicula* Maxim.

（183）海乳草 *Glaux maritima* Linn.

21　龙胆科 Gentianaceae

（184）扁蕾 *Gentianopsis barbata*（Froe1.）　Ma.

（185）湿生扁蕾 *Gentianopsis paludosa*（Hook.f）Ma

（186）合萼肋柱花 *Lomatogonium gamosepalum*（Burk.）H. Smith

（187）短药肋柱花 *Lomatogonium brachyantherum*（C. B. Clarke）Fern.

（188）肋柱花 *Lomatogonium carinthiacum*（Wulf.）Reichb.

（189）辐状肋柱花 *Lomatogonium rotatum*（Linn.）Fries ex Nym

（190）紫红假龙胆 *Gentianella arenaria*（Maxim.）T. N. Ho

（191）新疆假龙胆 *Gentianella turkestanorum*（Gand.）Holub

（192）黑边假龙胆 *Gentianella azurea*（Bge.）Holub

（193）矮假龙胆 *Gentianella pygmaea*（Regel et Schmalh.）H. Smith

（194）镰萼喉毛花 *Comastoma falcatum*（Turcz. ex Kar. et Kir.）Toyokuni

（195）管花秦艽 *Gentiana siphonantha* Maxim. ex Kusnez.

（196）蓝灰龙胆 *Gentiana caeruleogrisea* T. N. Ho

（197）蓝白龙胆 *Gentiana leucomelaena* Maxim.

（198）假鳞叶龙胆 *Gentiana pseudosquarrosa* H. Smith

（199）圆齿褶龙胆 *Gentiana crenulato-truncata*（C. Marq.）T. N. Ho

22　紫草科 Boraginaceae

（200）颈果草 *Metaeritrichium microuloides* W. T. Wang

（201）狭果鹤虱 *Lappula semiglabra*（Ledeb.）Gurke

（202）短梗鹤虱 *Lappula tadshikorum* Popov.

（203）草地鹤虱 *Lappula pratensis* C. J. Wang

（204）蓝刺鹤虱 *Lappula consanguinea*（Fisch. et Mey.）Gurke

（205）异果齿缘草 *Eritrichium heterocarpum* Lian et J. Q. Wang

（206）唐古拉齿缘草 *Eritrichium tangkulaense* W. T. Hang

（207）青海齿缘草 *Eritrichium medicarpum* Lian et J. Q. Wang

（208）小花西藏微孔草 *Microula tibetica* var. *pratensis*（Maxim.）W. T. Wang

23　玄参科 Scrophulariaceae

（209）毛果婆婆纳 *Veronica eriogyne* H. Winkl.

（210）长果婆婆纳 *Veronica ciliata* Fisch.

（211）北水苦荬 *Veronica anagallis-aquatica* Linn.

（212）砾玄参 *Scrophularia incisa* Weinm.

（213）肉果草 *Lancea tibetica* Hook. f. et Thoms.

（214）疗齿草 *Odontites serotinus*（Lam.）Dum.

（215）弯管马先蒿 *Pedicularis curvituba* Maxim.

（216）阿拉善马先蒿 *Pedicularis alaschanica* Maxim.

（217）绵穗马先蒿 *Pedicularis pilostachya* Maxim.

（218）大唇拟鼻花马先蒿 *Pedicularis rhinanthoides* subsp. *labellata*（Jacq.）
Tsoong

（219）假弯管马先蒿 *Pedicularis pseudocurvituba* Tsoong

24　茜草科 Rubiaceae

（220）拉拉藤 *Galium aparine* Linn.

25　桔梗科 Campanulaceae

（221）喜马拉雅沙参 *Adenophora himalayana* Feer

26　菊科 Asteraceae

（222）弯茎假苦菜 *Askellia flexuosa*（Ledeb.）W. A. Weber

（223）唐古特雪莲 *Saussurea tangutica* Maxim.

（224）水母雪兔子 *Saussurea medusa* Maxim.

（225）球花风毛菊 *Saussurea globosa* Chen

（226）钻叶风毛菊 *Saussurea subulata* C. B. Clarke

（227）尖头风毛菊 *Saussurea malitiosa* Maxim.

（228）无梗风毛菊 *Saussurea apus* Maxim.

（229）美丽风毛菊 *Saussurea pulchra* Lipsch.

（230）达乌里风毛菊 *Saussurea davurica* Adams.

（231）裂叶风毛菊 *Saussurea laciniata* Ledeb.

（232）褐花雪莲 *Saussurea phaeantha* Maxim.

（233）草甸雪兔子 *Saussurea thoroldii* Hemsl.

（234）云状雪兔子 *Saussurea aster* Hemsl.

（235）星状雪兔子 *Saussurea stella* Maxim.

（236）鼠麴雪兔子 *Saussurea gnaphalodes*（Royle）Sch. –Bip.

（237）肉叶雪兔子 *Saussurea thomsonii* C. B. Clarke.

（238）禾叶风毛菊 *Saussurea graminea* Dum

（239）银叶火绒草 *Leontopodium souliei* Beauv.

（240）黄白火绒草 *Leontopodium ochroleucum* Beauv.

（241）火绒草 *Leontopodium leontopodioides*（Willd.）Beauv.

（242）矮火绒草 *Leontopodium nanum*（Hook. f. et Thoms.）Hand. –Mazz.

（243）长叶火绒草 *Leontopodium longifolium* Ling

（244）萎软紫菀 *Aster flaccidus* Bge.

（245）阿尔泰狗娃花 *Aster altaicus* Willd.

（246）高山紫菀 *Aster alpinus* Linn.

（247）铃铃香青 *Anaphalis hancockii* Maxim.

（248）臭蒿 *Artemisia hedinii* Ostenf. et Pauls.

（249）香叶蒿 *Artemisia rutifolia* Steph. ex Spreng.

（250）沙蒿 *Artemisia desertorum* Spreng.

（251）褐苞蒿 *Artemisia phaeolepis* Krasch.

（252）甘肃蒿 *Artemisia gansuensis* Ling et Y. R. Ling

（253）垫型蒿 *Artemisia minor* Jacq. ex Bess

（254）蒙古蒿 *Artemisia mongolica*（Fisch. ex Bess.）Nakai

（255）毛莲蒿 *Artemisia vestita* Wall. ex Bess.

（256）大花蒿 *Artemisia macrocephala* Jacq. ex Bess.

（257）细杆蒿 *Artemisia demissa* Krasch.

（258）栉叶蒿 *Neopallasia pectinata*（Pall.）Poljak

（259）乳苣 *Mulgedium tataricum*（Linn.）DC.

（260）盘花垂头菊 *Cremanthodium discoideum* Maxim.

（261）矮垂头菊 *Cremanthodium humile* Maxim

（262）车前状垂头菊 *Cremanthodium ellisii*（Hook. f.）Kitam

（263）短喙蒲公英 *Taraxacum brevirostre* Hand. -Mazz.

（264）白花蒲公英 *Taraxacum leucanthum*（Ledeb.）Ledeb.

（265）华蒲公英 *Taraxacum borealisiense* Kitam.

（266）蒲公英 *Taraxacum mongolicum* Hand.‐Mazz.

（267）白缘蒲公英 *Taraxacum platypecidum* Diels

（268）垂头蒲公英 *Taraxacum nutans* Dahlst.

（269）灰果蒲公英 *Taraxacum maurocarpum* Dahlst.

（270）中华小苦荬 *Ixeridium chinense*（Thunb.）Tzvel.

（271）叉枝假还阳参 *Crepidiastrum akagii*（Kitag.）J. W. Zhang & N. Kilian

（272）细裂假还阳参 *Crepidiastrum diversifolium*（Ledeb. ex Spreng.）J. W.
Zhang & N. Kilian

（273）北方还阳参 *Crepis crocea*（Lam.）Babcock

（274）粉苞菊 *Chondrilla piptocoma* Fisch.

（275）蓼子朴 *Inula salsoloides*（Turcz.）Ostrnf.

（276）帚状鸦葱 *Scorzonera pseudokivaricata* Lipsch.

（277）拐轴鸦葱 *Scorzonera divaricata* Turcz.

（278）星毛短舌菊 *Brachanthemum pulvinatum*（Hand.‐Mazz.）Shih

（279）灌木亚菊 *Ajania fruticulosa*（Ledeb.）Poljak

（280）中亚紫菀木 *Asterothamnus centrali‐asiaticus* Novopokr.

（281）顶羽菊 *Rhaponticum repens*（Linn.）Hid.

（282）藏蓟 *Cirsium lanatum*（Roxb. ex willd.）Spreng.

（283）刺儿菜 *Cirsium setosum*（Willd.）MB.

（284）碱小苦苣菜 *Sonchella stenoma*（Turcz. ex DC.）Sennikov

（285）长裂苦苣菜 *Sonchus brachyotus* DC.

（286）北千里光 *Senecio dubitabilis* C. Jeff. et Y. L. Chen

（287）天山千里光 *Senecio tianschanicus* Regel et Schinalh

27　香蒲科 Typhaceae

（288）小香蒲 *Typha minima* Funk.

（289）水麦冬科 **Juncaginaceae**

（290）水麦冬 *Triglochin palustre* Linn.

（291）海韭菜 *Triglochin maritimum* Linn.

28 眼子菜科 Potamogetonaceae

（292）小眼子菜 *Potamogeton pusillus* Linn.

（293）篦齿眼子菜 *Potamogeton pectinata*（Linn.）Börn.

（294）穿叶眼子菜 *Potamogeton perfoliatus* Linn.

29 禾本科 Poaceae

（295）白草 *Pennisetum flaccidum* Griseb.

（296）紫大麦草 *Hordeum roshevitzii* Borden

（297）布顿大麦草 *Hordeum bogdanii* Wilensky

（298）拂子茅 *Calamagrostis epigeios*（Linn.）Roth

（299）假苇拂子茅 *Calamagrostis pseudophragmites*（Hall.）Koel.

（300）光稃香草 *Anthoxanthum glabrum*（Trin.）Veldkamp

（301）疏花藏异燕麦 *Helictotrichon tibeticum* var. *laxiflorum* Keng ex Z. L. Wu

（302）藏异燕麦 *Helictotrichon tibeticum*（Roshev.）Holub

（303）沿沟草 *Catabrosa aquatica*（Linn.）Beauv.

（304）短叶羊茅 *Festuca brachyphylla* Schult. et Schult. f.

（305）柴达木臭草 *Melica kozlorii* Tzvel.

（306）梭罗以礼草 *Kengyilia thoroldiana*（Oliv.）J. L. Yang et al.

（307）芦苇 *Phragmites australis*（Cav.）Frin. ex Steud.

（308）长芒棒头草 *Polypogon monspeliensis*（Linn.）Desf.

（309）黑紫披碱草 *Elymus atratus*（Nevski）Hand. –Mazz.

（310）垂穗披碱草 *Elymus nutans* Griseb.

（311）穗三毛 *Trisetum spicatum*（Linn.）K. Rich.

（312）冠毛草 *Stephanache pappophorea*（Hackel）Keng

（313）天山野青茅 *Deyeuxia tianschanica*（Rupr.）Bor

（314）藏西野青茅 *Deyeuxia zangxiensis* P. C. Kuo et S. L. Lu

（315）青海野青茅 *Deyeuxia kokonorica* Keng

（316）细叶芨芨草 *Achnatherum chingii*（Hitchc.）Keng ex P. C. Kuo

（317）芨芨草 *Achnatherum splendens*（Trin.）Nevski

（318）细叶早熟禾 *Poa pratensis* subsp. *angustifolia*（Linn.）Le jeun.

（319）草地早熟禾 *Poa pratensis* Linn.

（320）灰早熟禾 *Poa glauca* Vahl

（321）堇色早熟禾 *Poa araratica* subsp. *ianthina*（Keng ex Shan Chen）Olon. et G. Zhu

（322）西藏早熟禾 *Poa tibetica* Munro ex Stapf

（323）花丽早熟禾 *Poa calliopsis* Lit. ex Ovcl.

（324）光稃早熟禾 *Poa araratica* subsp. *psilolepis*（Keng）Olon. et G. Zhu

（325）穗发草 *Deschampsia koelerioides* Regel

（326）碱茅 *Puccinellia distans*（Linn.）Parl.

（327）疏穗碱茅 *Puccinellia roborovskyi* Tzvel.

（328）光稃碱茅 *Puccinellia leiolepis* L. Liu

（329）微药碱茅 *Puccinellia micrandra*（Keng）Keng et S. L. Chen

（330）甘青针茅 *Stipa przewalskyi* Roshev.

（331）短花针茅 *Stipa breviflora* Grisebach

（332）座花针茅 *Stipa subsessiliflora*（Ruprecht）Roshevita

（333）紫花针茅 *Stipa purpurea* Griseb.

（334）沙生针茅 *Stipa caucasica* subsp. *glareosa*（P. A. Smir.）Tzvel.

（335）细柄茅 *Ptilagrostis mongholica*（Turcz. Ex Trin.）Griseb.

（336）太白细柄茅 *Ptilagrostis concinna*（Hook. f）Roshev.

（337）中亚细柄茅 *Ptilagrostis pelliotii*（Danguy）Grub.

（338）紫药新麦草 *Psathyrostachys juncea* var. *hyalantha* S. L. Chen

（339）冰草 *Agropyron cristatum*（Linn.）Gaertn.

（340）毛穗赖草 *Leymus paboanus*（Claus）Pilger

（341）窄颖赖草 *Leymus angustus*（Trin.）Pilger

（342）宽穗赖草 *Leymus ovatus*（Trin.）Tzvel.

（343）赖草 *Leymus secalinus*（Georgi）Tzvel.

（344）若羌赖草 *Leymus ruoqiangensis* S. L. Lu et Y. H. Wa

30　莎草科 Cyperaceae

（345）大花嵩草 *Kobresia macrantha* Bocklr.

（346）康藏嵩草 *Kobresia littledalei* C. B. Clarke

（347）西藏嵩草 *Kobresia tibetica* Maxim.

（348）粗壮嵩草 *Kobresia robusta* Maxim.

（349）华扁穗草 *Blysmus sinocompressus* Tang et Wang

（350）内蒙古扁穗草 *Blysmus rufus*（Hudson）Link

（351）沼泽荸荠 *Eleocharis palustris*（L.）Roem. et Schult.

（352）少花荸荠 *Bleocharis quinqueflora*（Hartm.）O. Schw.

（353）尖苞苔草 *Carex microglochin* Wahl.

（354）无穗柄苔草 *Carex ivanoviae* Egonova.

（355）细叶苔草 *Carex duriuscula* subsp. *stenophylloides*（V. I. Krecz.）S.
　　　　　 Yun Liang et Y. C. Tang

（356）红棕苔草 *Carex przewalskii* T. V. Egorova

（357）无脉苔草 *Carex enervis* C. A. Mey.

（358）圆囊苔草 *Carex orbicularis* Boott

（359）黑褐穗苔草 *Carex atrofusca* subsp. *minor*（Boott）T. Koyama

（360）青藏苔草 *Carex moorcroftii* Falc. ex Boott

31　灯心草科 Juncaceae

（361）小花灯心草 *Juncus articulatus* Linn.

（362）小灯心草 *Juncus bufonius* Linn.

（363）展苞灯心草 *Juncus thomsonii* Buchen.

（364）扁茎灯心草 *Juncus compressus* Jacq.

32　百合科 Liliaceae

（365）少花顶冰花 *Gagea pauciflora* Turcz.

（366）碱韭 *Allium polyrhizum* Turcz. ex Regel

（367）青甘韭 *Allium przewalskianum* Regel

（368）单丝辉韭 *Allium schrenkii* Regel

（369）镰叶韭 *Allium platystylum* Regel

33　鸢尾科 Iridaceae

（370）细叶鸢尾 *Iris tenuifolia* Pall.

34　兰科 Orchidaceae

（371）掌裂兰 *Dactylorhiza hatagirea*（D. Don）Soó

附录 2 酒泉片区湿地脊椎动物名录

附录 2-1 酒泉片区湿地脊椎动物名录（鱼纲、两栖纲）

纲	目	科	中文名	拉丁名	分布型	国家重点保护级别	三有动物	CITES附录	IUCN等级	资源量	特有物种
鱼纲 Pisces	鲤形目 Cypriniformes	条鳅科 Nemacheilidae	短尾高原鳅	*Triplophysa brevviuda*	—	—	—	—	DD	+	√
			梭形高原鳅	*Triplophysa eptosoma*	—	—	—	—	LC	#	√
			重穗唇高原鳅	*Triplophysa papillosolabiata*	—	—	—	—	DD	#	√
			酒泉高原鳅	*Triplophysa hsutschouensis*	—	—	—	—	DD	#	√
		鲤科 Cyprinidae	花斑裸鲤	*Gymnocypris eckloni*	—	—	—	—	VU	++	√

续附录2-1

纲	目	科	中文名	拉丁名	分布型	国家重点保护级别	三有动物	CITES附录	IUCN等级	资源量	特有物种
两栖纲 Amphibia	无尾目 Anura	蟾蜍科 Bufonidae	花背蟾蜍	*Strauchbufo raddei*	X	—	√	—	LC	++	—
		蛙科 Ranidae	高原林蛙	*Rana kukunoris*	X	—	√	—	LC	+	√

注：分布型：古北型（U）、东洋型（W）、全北型（C）、中亚型（D）、高地型（P或I）、东北型（M）、东北-华北型（X）、喜马拉雅—横断山区型（H）、华北型（B）、季风型（E）、南中国型（S）、L（局地型）、不易归类型（O）。

国家重点保护级别依据《国家重点保护野生动物名录》（2021）；

三有动物依据《国家保护的有重要生态、科学、社会价值的陆生野生动物名录》（2023）；

CITES附录依据《濒危野生动植物种国际贸易公约》（CITES附录）（2019）；

IUCN等级：数据缺乏（Data Deficient，DD）、无危（Least Concern，LC）、易危（Vulnerable，VU）；

资源状况：+有分布，不常见　++较常见　+++数量多　#有分布　（资料数据）。

181

附录2-2 酒泉片区湿地脊椎动物名录（鸟纲）（11目17科85种）

目	科	中文名	拉丁名	分布型	留居型	国家重点保护级别	三有动物	CITES附录	IUCN等级	资源量
雁形目 Anseriformes	鸭科 Anatidae	灰雁	*Anser anser*	U	S	—	√	—	LC	++
		白额雁	*Anser albifrons*	C	P	Ⅱ	—	—	LC	#
		斑头雁	*Anser indicus*	P	S	—	√	—	LC	+++
		疣鼻天鹅	*Cygnus olor*	U	P	Ⅱ	—	—	LC	#
		大天鹅	*Cygnus cygnus*	C	P	Ⅱ	—	—	LC	+
		赤麻鸭	*Tadorna ferruginea*	U	S	—	√	—	LC	+++
		翘鼻麻鸭	*Tadorna tadorna*	U	P	—	√	—	LC	+
		赤膀鸭	*Anas strepera*	U	P	—	√	—	LC	+
		赤颈鸭	*Mareca penelope*	C	P	—	√	—	LC	#
		斑嘴鸭	*Anas poecilorhyncha*	W	S	—	√	—	LC	++

续附录2-2

目	科	中文名	拉丁名	分布型	留居型	国家重点保护级别	三有动物	CITES附录	IUCN等级	资源量
雁形目 Anseriformes	鸭科 Anatidae	琵嘴鸭	*Anas clypeata*	C	P	—	√	—	LC	#
		针尾鸭	*Anas acuta*	C	P	—	√	—	LC	+
		绿翅鸭	*Anas crecca*	C	P	—	√	—	LC	#
		绿头鸭	*Anas platyrhynchos*	C	S	—	√	—	LC	+
		白眉鸭	*Spatula querquedula*	U	P	—	√	—	LC	#
		凤头潜鸭	*Aythya fuligula*	U	P	—	√	—	LC	+
		赤嘴潜鸭	*Netta rufina*	O	S	—	√	—	LC	+
		青头潜鸭	*Aythya baeri*	—	P	—	—	—	—	—
		白眼潜鸭	*Aythya nyroca*	O	P	—	√	—	NT	+
		红头潜鸭	*Aythya ferina*	C	P	—	√	—	LC	++

183

续附录2-2

目	科	中文名	拉丁名	分布型	留居型	国家重点保护级别	三有动物	CITES附录	IUCN等级	资源量
雁形目 Anseriformes	鸭科 Anatidae	鹊鸭	*Bucephala clangula*	C	P	—	√	—	LC	+
		普通秋沙鸭	*Mergus merganser*	C	P	—	√	—	LC	#
䴙䴘目 Podicipediformes	䴙䴘科 Podicipedidae	小䴙䴘	*Tachybaptus ruficollis*	W	R	—	√	—	LC	+
		凤头䴙䴘	*Podiceps cristatus*	U	S	—	√	—	LC	+
		黑颈䴙䴘	*Podiceps nigricollis*	C	P	II	—	—	LC	#
鹤形目 Gruiformes	鹤科 Gruidae	灰鹤	*Grus grus*	U	P	II	—	II	LC	+
		黑颈鹤	*Grus nigricollis*	P	S	I	—	I	NT	++
		蓑羽鹤	*Grus virgo*	D	P	II	—	II	LC	++
	秧鸡科 Rallidae	白骨顶	*Fulica atra*	O	S	—	√	—	LC	++
		普通秧鸡	*Rallus indicus*	U	S	—	√	—	LC	#

续附录2-2

目	科	中文名	拉丁名	分布型	留居型	国家重点保护级别	三有动物	CITES附录	IUCN等级	资源量
鹳形目 Ciconiiformes	鹳科 Ciconiidae	黑鹳	*Ciconia nigra*	U	S	I	—	II	LC	+
鹈形目 Pelecaniformes	鹭科 Ardeidae	苍鹭	*Ardea cinerea*	U	S	—	√	—	LC	+
		牛背鹭	*Bubulcus ibis*	W	P	—	√	—	LC	+
		大白鹭	*Egretta alba*	O	P	—	√	—	LC	+
鲣鸟目 Suliformes	鸬鹚科 Phalacrocoracidae	普通鸬鹚	*Phalacrocorax carbo*	O	P	—	√	—	LC	#
鸻形目 Charadriiformes	反嘴鹬科 Recurvirostridae	黑翅长脚鹬	*Himantopus himantopus*	O	S	—	√	—	LC	+++
		反嘴鹬	*Recurvirostra avosetta*	O	P	—	√	—	LC	#
	鸻科 Charadriidae	凤头麦鸡	*Vanellus vanellus*	U	S	—	√	—	NT	+
		金眶鸻	*Charadrius dubius*	O	S	—	√	—	LC	++

续附录2-2

目	科	中文名	拉丁名	分布型	留居型	国家重点保护级别	三有动物	CITES附录	IUCN等级	资源量
鸻形目 Charadriiformes	鸻科 Charadriidae	环颈鸻	*Charadrius alexandrinus*	O	S	—	√	—	LC	++
		金鸻	*Pluvialis fulva*	C	P	—	√	—	LC	#
		蒙古沙鸻	*Charadrius mongolus*	D	P	—	√	—	LC	++
		铁嘴沙鸻	*Charadrius leschenaultii*	D	S	—	√	—	LC	+
	鹬科 Scolopacidae	针尾沙锥	*Gallinago stenura*	U	P	—	√	—	LC	#
		孤沙锥	*Capella solitaria*	U	S	—	√	—	LC	+
		黑尾塍鹬	*Limosa limosa*	U	P	—	√	—	NT	#
		白腰杓鹬	*Numenius arquata*	U	P	II	—	—	NT	#
		鹤鹬	*Tringa erythropus*	U	P	—	√	—	LC	#
		白腰草鹬	*Tringa ochropus*	U	S	—	√	—	LC	+

续附录2-2

目	科	中文名	拉丁名	分布型	留居型	国家重点保护级别	三有动物	CITES附录	IUCN等级	资源量
鸻形目 Charadriiformes	鹬科 Scolopacidae	林鹬	*Tringa glareola*	U	P	—	√	—	LC	#
		矶鹬	*Tringa hypoleucos*	C	S	—	√	—	LC	+
		红脚鹬	*Tringa totanus*	U	S	—	√	—	LC	+++
		青脚鹬	*Tringa nebularia*	U	P	—	√	—	LC	#
		翻石鹬	*Arenaria interpres*	C	P	II	—	—	LC	#
		青脚滨鹬	*Calidris temminckii*	U	P	—	√	—	LC	+
		弯嘴滨鹬	*Calidris ferruginea*	U	P	—	√	—	NT	#
	鸥科 Laridae	棕头鸥	*Chroicocephalus brunnicephalus*	P	S	—	√	—	LC	+
		红嘴鸥	*Chroicocephalus ridibundus*	U	P	—	√	—	LC	+
		渔鸥	*Ichthyaetus ichthyaetus*	D	S	—	√	—	LC	+

续附录2-2

目	科	中文名	拉丁名	分布型	留居型	国家重点保护级别	三有动物	CITES附录	IUCN等级	资源量
鸻形目 Charadriiformes	鸥科 Laridae	普通燕鸥	*Sterna hirundo*	C	S	—	√	—	LC	+
		灰翅浮鸥	*Chlidonias hybrida*	U	P	—	√	—	LC	+
		白翅浮鸥	*Chlidonias leucopterus*	U	S	—	√	—	LC	+
鸮形目 Strigiformes	鸱鸮科 Strigidae	雕鸮	*Bubo bubo*	U	R	II	—	II	LC	+
		纵纹腹小鸮	*Athene noctua*	U	R	II	—	II	LC	+
		长耳鸮	*Asio otus*	C	R	II	—	II	LC	+
		短耳鸮	*Asio flammeus*	C	R	II	—	II	LC	#
鹰形目 Accipitriformes	鹗科 Pandionidae	鹗	*Pandion haliaetus*	C	S	II	—	II	LC	#
	鹰科 Accipitridae	金雕	*Aquila chrysaetos*	C	R	I	—	II	LC	++

续附录2-2

目	科	中文名	拉丁名	分布型	留居型	国家重点保护级别	三有动物	CITES附录	IUCN等级	资源量
鹰形目 Accipitriformes	鹰科 Accipitridae	草原雕	*Aquila nipalensis*	D	S	I	—	II	EN	++
		白肩雕	*Aquila heliaca*	O	R	I	—	I	VU	+
		雀鹰	*Accipiter nisus*	U	R	II	—	II	LC	#
		苍鹰	*Accipiter gentilis*	C	P	II	—	II	LC	+
		白尾鹞	*Circus cyaneus*	C	R	II	—	II	LC	+
		黑鸢	*Milvus migrans*	U	R	II	—	II	LC	+
		玉带海雕	*Haliaeetus leucoryphus*	D	S	I	—	II	EN	+
		白尾海雕	*Haliaeetus albicilla*	U	P	I	—	I	LC	+
		普通鵟	*Buteo japonicus*	U	P	II	—	II	LC	+++
		大鵟	*Buteo hemilasius*	D	R	II	—	II	LC	++

续附录2-2

目	科	中文名	拉丁名	分布型	留居型	国家重点保护级别	三有动物	CITES附录	IUCN等级	资源量
鹰形目 Accipitriformes	鹰科 Accipitridae	棕尾鵟	*Buteo rufinus*	O	R	II	—	II	LC	#
隼形目 Falconiformes	隼科 Falconidae	红隼	*Falco tinnunculus*	O	R	II	—	II	LC	++
		燕隼	*Falco subbuteo*	U	S	II	—	II	LC	+
		猎隼	*Falco cherrug*	C	S	I	—	II	EN	++
		游隼	*Falco peregrinus*	C	P	II	—	I	LC	+
雀形目 Passeriformes	苇莺科 Acrocephalidae	东方大苇莺	*Acrocephalus orientalis*	O	S	—	√	—	LC	#
	鹀科 Emberizidae	芦鹀	*Emberiza schoeniclus*	U	P	—	√	—	LC	+

注：鸟类分类系统依据《中国鸟类分类与分布名录（第四版）》（郑光美，2023）；

分布型：古北型（U）、东洋型（W）、全北型（C）、中亚型（D）、高地型（P或I）、东北型（M）、东北—华北型（X）、喜马拉雅—横断山区型（H）、华北型（B）、季风型（E）、南中国型（S）、L（局地型）、不易归类型（O）；

居留型：R为留鸟，S为夏候鸟，P为旅鸟，V为迷鸟或偶见种；

国家重点保护级别依据《国家重点保护野生动物名录》（2021）；

三有动物依据《国家保护的有重要生态、科学、社会价值的陆生野生动物名录》（2023）；

CITES附录依据《濒危野生动植物种国际贸易公约》（CITES附录）（2019）；

IUCN等级：极危（Critically Endangered, CR）、濒危（Endangered, EN）、易危（Vulnerable, VU）、近危（Near Threatened, NT）、无危（Least Concern, LC）；

资源状况：+有分布，不常见　++较常见　+++数量多　#有分布（资料数据）。

附录3 酒泉片区湿地昆虫名录

（12目64科211属291种）

1 蜻蜓目 Odonata

1.1 蜓科 Aeschnidae

（1）黑纹伟蜓 *Anas nigrofasciotus* Oquma

（2）碧伟蜓 *Anas parthenope* Julius Brauer

1.2 蜻科 Libellulidae

（3）红蜻 *Crocothemis seretllia* Drury

（4）白尾灰蜻 *Orthetrum albistylum* Selys

（5）黄蜻 *Pantola floeeseens* Fabricius

（6）夏赤蜻 *Sympetrum daruinianum* Selys

（7）秋赤蜻 *Sympetrwm frequens* Selys

（8）赤蜻 *Sympetrum speciosumn* Oguma

1.3 螅科 Agrionidae

（9）心斑绿螅 *Enallagma cyathiferus*（Charpentier）

（10）长叶异痣螅 *Ischnura elegans*（Vander Linden）

（11）蓝壮异痣螅 *Ischnura pumilio*（Charpentier）

（12）黑背尾螅 *Paracercion melanotum*（Selys）

（13）豆娘 *Enollagma deserti eirculatum* Selys

2 螳螂目 Mantodea

2.1 螳螂科 Mantidae

（14）薄翅螳螂 *Mantis religiosa*（Linnaeus）

（15）宽腹螳螂 *Hiereodula patellifera* Servitle

3　直翅目 Orthoptera

3.1　蝼蛄科 Gryllotalpidac

（16）东方蝼蛄 *Gryllotalpa orientalis* Burmeistet

（17）华北蝼蛄 *Gryllotalpa unispina* Sousuro

3.2　癞蝗科 Pamphagidae

（18）准噶尔贝蝗 *Beybienkia songorica* Tzyplenkov 甘肃省新纪录

（19）黑翅束颈蝗 *Sphingonotusobscuratus latissimus* Uv.

（20）青海短鼻蝗 *Filchnerella kukunoris* B.Bienko

（21）祁连山短鼻蝗 *Filchnerella qilianshana* Xi et Zbeng

（22）裴氏垣鼻蝗 *Filchnerella beicki* Rarnme

（23）笨蝗 *Hfaplotropis brunneriana* Saus 甘肃省新纪录

3.3　锥头蝗科 Pyrgomorphinae

（24）锥头蝗 *Pyrgomorpha conica deserti* B.Bionko

3.4　剑角蝗科 Acrididae

（25）中华蚱蜢 *Acrida cinerea* Thunberg

（26）荒地蚱蜢 *Acrida oxycephala* （PalL）

3.5　槌角蝗科 Gomphoeeridae

（27）宽须蚁蝗 *Myrmeleotettix palpalis* （Zub.）

3.6　丝角蝗科 Oedipodidae

（28）红翅瘤蝗 *Dericorys annulata roseipennis* （Redt.）

（29）短星翅蝗 *Calliptamus abbreoiotus* Ikonn

（30）大垫尖翅蝗 *Epocromius coernlipes* （lvanj）

（31）大胫刺蝗 *Compsorhipis dawidiana* （Saussuro）

（32）盐池束颈蝗 *Sphingonotus yenchinensis* Cheng et Chiu

（33）宇夏束颈蝗 *Sphingonotus ningsianus* Zheng et Gow

（34）岩石束颈蝗 *Sphingonotus nebulosus nebulosus* （F-V）

（35）黑翅束颈蝗 *Sphingonotus obscuratus latissimus* Uvarov

（36）黄胫束颈蝗 *Sphingonotus sawignyi* Saussure

（37）祁连山痴蝗 *Bryodcma qiliauhanensis* Lian et Zheng

（38）青海瘫蝗 *Bryodema mironoe miramae* B.Bienko

（39）尤氏瘌蝗 *Bryodemella uvarooi* B.Bionko

（40）白边痴蝗 *Bryodema luctuosum*（Stoll）

（41）黄胫异痴蝗 *Bryodemella holdereri holdereri*（Kraussj）

（42）轮纹痴蝗 *Bryodemella tuberculatum dilutum*（Stoll）

（43）祁连山蚍蝗 *Eremippus qiliaruharensis* Liaa et Zheng

（44）亚洲飞蝗 *Locusta migratoria* L.

（45）红腹牧草蝗 *Omoeestus haemorrhoidalis*（Charp）

（46）中华雏蝗 *Chorppus ehinensis* Tarbinsky

（47）白纹雏蝗 *Chorthippus albonemus* Chcng et Tu

（48）楼观雏蝗 *Chorthippus Louguorensis* Cheng et Tu

（49）赤翅蝗 *Celes skalozuboui* Adel

（50）亚洲小车蝗 *Oedaleus decorus astatieus* B.Bienko

（51）黑条小车蝗 *Oedaleus decorus decorus* Germar

（52）黄胫小车蝗 *Oedaleus infernalis* Sau

（53）宽翅曲背蝗 *Parareyptera microptera meridionalis* Ikonn

4 革翅目 Dermaptera

4.1 球蝼科 Forficulidae
（54）蠼螋 *Labidura riparia* Pallas

5 缨翅目 Thysanoptera

5.1蓟马科 Thripidae
（55）花蓟马 *Frankliniella intonsa*（Trybom）

（56）烟蓟马 *Thrips tabaci* Lindema

6 同翅目 Homoptera

6.1 蝉科 Cicadidae
（57）草蝉 *Mogannia conica* Germer

（58）褐山蝉 *Leptopsalta fuscoclavalis*（Chen）

6.2　蚜科 Aphidoidea

（59）冰草麦蚜 *Diuraphis*（*Hocaphis*）*agropyronophaga* Zhang

6.3　叶蝉科 Cicadellidae

（60）大青叶蝉 *Cicadella viridis*（Linnaeus）

（61）六点叶蝉 *Macrosteles sexnotatus*（Fallén）

（62）条纹二室叶蝉 *Balclutha tiaowenae* Kuoh

6.4　飞虱科　Delphacidae

（63）灰飞虱 *Laodelphax striatellus*（Fallén）

（64）芦苇长突飞虱 *Stenocraus matsumurai* Metcalf

6.5　角蝉科 Membracidae

（65）黑圆角蝉 *Gargara genistae*（Fabricius）

7　半翅目 Heimaptera

7.1　异蝽科 Urostylidae

（66）短壮异蝽 *Urochela falloui* Reuter

（67）淡娇异蝽 *Urostylis yangi* Maa

7.2　缘蝽科 Coreidae

（68）点伊缘蝽 *Rhopalus latus*（Jakovlev）

（69）闭环缘蝽 *Stictopleurus viridicatus*（Uhler）

7.3　盲蝽科 Miridae

（70）苜蓿盲蝽 *Adelphocois lineolatus*（Goeze）

（71）榆毛翅盲蝽 *Blepharidopterus ulmicola* Kerzhner

（72）杂毛合垫盲蝽 *Orthotylus*（*Melanotrichus*）*flavosparsus*（Sahlberg，1842）

（73）绿狭盲蝽 *Stenodema virens*（Linnaeus）

7.4　蝽科 Pentatomidae

（74）东亚果蝽 *Carpocoris seidenstueckeri*（Tamanini，1959）

（75）西北麦蝽 *Aelia sibirica* Reuter

（76）斑须蝽（细毛蝽）*Dolycoris baccarum*（Linnaeus）

（77）巴楚菜蝽 *Eurydema wilkinsi* Distant

（78）菜蝽 *Eurydema dominulus*（Scopoli）

（79）紫翅果蝽 *Carpocoris purpureipennis*（De Geer）

（80）茶翅蝽 *Halyomorpha picus*（Fabricius）

（81）凹肩辉蝽 *Carbula sinica* Hsiao et Cheng

7.5　同蝽科 Acanthosomatidae

（82）短直同蝽 *Elasmostethus brevis* Lindberg

（83）背匙同蝽 *Elasmucha dorsalis* Jakovlev

（84）匙同蝽 *Elasmucha ferrugata*（Fieber）

（85）灰匙同蝽 *Elasmucha grisea*（Linnaeus）

（86）板同蝽 *Platacantha armifer* Lindberg

7.6　长蝽科 Lygaeidae

（87）拟方红长蝽 *Lygaeus oreophilus*（Korotschenko）

（88）红脊长蝽 *Tropidothorax elegans*（Distant）

（89）小长蝽 *Nysius ericae*（Schilling）

7.7　花蝽科 Anthocoridae

（90）邻小花蝽 *Orius*（*Heterorius*）*vicinus*（Ribaut）

8　脉翅目 Neuroptera

8.1　粉蛉科 Coniopterygidae

（91）直胫啮粉蛉 *Conwentzia orthotibia* Yang

（92）广重粉蛉 *Semidalis aleyrodiformis*（Stephens）

8.2　草蛉科 Chrysopidae

（93）丽草蛉 *Chrysopa formosa* Brauer

9　鞘翅目 Coleoptera

9.1　瓢甲科 Coccinellidae

（94）二星瓢虫 *Adalia bipunctata*（Linaeus）

（95）红点唇瓢虫 *Chilocorus kuwanae* Silvestri

（96）七星瓢虫 *Coccinella septempunctata* Linnaeus

（97）华日瓢虫 *Coccinella ainu* Lewis

（98）横斑瓢虫 *Coccinella transversoguttata* Faldermann

（99）双七瓢虫 *Coccinula quatuordecimpustulata*（Linnaeus）

（100）四斑毛瓢虫 *Scymnus frontalis*（Fabricius）

（101）十四星裸瓢虫 *Calvia quatuordecimguttata*（Linnaeus）

（102）菱斑巧瓢虫 *Oenopia conglobata*（Linnaeus）

（103）十二斑巧瓢虫 *Oenopia bissexnotata*（Mulsan）

（104）多异瓢虫 *Hippodamia variegata*（Goeze）

（105）异色瓢虫 *Harmonia axyridis*（Pallas）

9.2 叶甲科 Chrysomelidae

（106）杨蓝叶甲 *Agelastica alni orientalis* Baly

（107）蒿金叶甲 *Chrysolina*（*Anopachys*）*aurichalcea*（Mannerheim）

（108）柳圆叶甲 *Plagiodera versicolora*（Laicharting）

（109）杨叶甲 *Chrysomela populi* Linnaeus

（110）红柳粗角萤叶甲 *Diorhabda elongata deserticola* Chen

（111）跗粗角萤叶甲 *Diorhabda tarsalis* Weise

（112）褐背小萤叶甲 *Galerucella grisescens*（Joannis）

（113）榆绿毛萤叶甲 *Pyrhalta aenescens*（Fairmaire）

（114）榆黄毛萤叶甲 *Pyrrhalta maculcollis*（Motschulsky，1853）

（115）细毛萤叶甲 *Galerucella*（*Neogalerucella*）*tenella*（Linnaeus）

（116）多脊萤叶甲 *Galeruca vicina*（Solsky，1872）

（117）阔胫萤叶甲 *Pallasiola absinthii*（Pallas）

（118）八斑隶萤叶甲 *Liroetis octopunctata*（Weise）

（119）胡枝子克萤叶甲 *Cneorane violaceipennis* Allard

（120）隐头蚤跳甲 *Pyliodes eullala*（liger）

（121）枸杞毛跳甲 *Epitix abeillei*（Bauduer）

（122）柳沟胸跳甲 *Crepidodera pluta*（Latreille）

（123）黄宽条菜跳甲 *Phyllotreta humilis* Weise

（124）蓟跳甲 *Altica cirsicola* Ohno

（125）月见草跳甲 *Altica oleracea*（Linnaeus）

（126）柳苗跳甲 *Altica tweisei*（Jacobson）

9.3　步甲科 Carabidae

（127）粘虫步甲 *Carabus granulatus telluris* Bates

（128）大塔步甲 *Taphoxenus gigas*（Fischer von Waldheim）

（129）花猛步甲 *Cymindis picta*（Quensel）

（130）谷婪步甲 *Harpalus calceatus*（Duftschmid）

（131）红缘婪步甲 *Harpalus froelichii* Sturm

（132）点翅暗步甲 *Amara majuscula*（Chaudoir）

（133）麦穗斑步甲 *Anisodactylus signatus*（Panzer）

（134）月斑虎甲 *Calomera lunulata*（Fabricius）

9.4　隐翅甲科 Staphylinidae

（135）西里塔隐翅甲 *Tasgius praetorius*（Bemhauer）

9.5　葬甲科 Silphinae

（136）皱亡葬甲 *Thanatophilus rugosus*（Linnaeus）

（137）滨尸葬甲 *Necrodes littoralis*（Linnaeus）

（138）墨黑覆葬甲 *Nicrophorus morio*（Gebler）

（139）黑缶葬甲 *Phosphuga atrata*（Linnaeus）

9.6　阎甲科 Histeridae

（140）宽卵阎甲 *Dendrophilus xavieri* Marseul

（141）谢氏阎甲 *Hister sedakovii* Motschulsky

9.7　拟步甲科 Tenebrionidae

（142）光滑卵漠甲 *Ocnera sublaevigata* Bates

（143）何氏胖漠甲 *Trigonoscelis holdereri* Reitter

（144）莱氏脊漠甲 *Pterocoma*（*Mongolopterocoma*）*reittert* Frivaldszky

（145）半脊漠甲 *Pterocoma*（*Mesopterocoma*）*semicarinata* Bates

（146）细长琵甲 *Blaps*（*Blaps*）*oblonga* Kraatz

（147）戈壁琵甲 *Blaps*（*Blaps*）*gobiensis* Frivaldszky

（148）狭窄琵甲 *Blaps*（*Blaps*）*virgo* Seidlitz

（149）黑足双刺甲 *Bioramix picipes*（Gebler）甘肃省新纪录

（150）尖尾琵甲 *Blaps acuminate* Fischer–Waldheim

（151）福氏胸鳖甲 *Colposcelis*（*Scelocolpis*）*forsteri*

（152）磨光东鳖甲 *Anatolica polita polita* Frivaldszky

（153）宽颈小鳖甲 *Microdera*（*Microdera*）*laticollis* laticollis Bates

（154）无齿隐甲 *Crypticus*（*Crypticus*）*nondentatus* Ren et Zheng 甘肃省新纪录

（155）黑足双刺甲 *Bioramix picipes*（Gebler）甘肃省新纪录

（156）烁光双刺甲 *Bioramix micans*（Roitter）甘肃省新纪录

（157）蒙古伪坚土甲 *Scleropatrum mongolicum*（Kaszab）

（158）吉氏笨土甲 *Penthicus*（*Myladion*）*kiritshenkoi*（Reichardt）甘肃省新纪录

（159）中华砚甲 *Cyphogenia*（*Cyphogenia*）*chinensis*（Faldermann）

9.8 叩甲科 Elateridae

（160）细胸叩头甲 *Agriotes subvittatus fuscicollis* Miwa

9.9 粪金龟科 Geotrupidae

（161）粪堆粪金龟 *Geotrupes stercorarius*（Linnaeus）

9.10 皮金龟科 Trogidae

（162）尸体皮金龟 *Trox cadaverinus cadaverinus* Illiger

9.11 金龟科 Scarabaeidae

（163）迟钝蜉金龟 *Acanthobodilus languidulus* Schmidt

（164）血斑蜉金龟 *Otophorus haemorrhoidalis*（Linnaeus）

（165）后蜉金龟 *Aphodius*（*Teuchestes*）*analis*（Fabricius）

（166）福婆鳃金龟 *Brahmina faldermanni* Kraatz

（167）黑绒金龟 *Maladera orientalis*（Motschulsky）

9.12 小蠹科 Scolytus

（168）脐腹小蠹 *Scolytus schevyrewi* Semenov

9.13 象甲科 Curculionidae

（169）甘肃齿足象 *Deracanthus potanini* Faust

9.14　卷象科 Attelabidae

（170）杨卷叶象 *Byctiscus populi*（Linnaeus）

（171）金绿树叶象 *Phyllobius virideaeris*（Laicharting）

（172）西伯利亚绿象 *Chlorophanus sibiricus* Gyllenhal

（173）红背绿象 *Chlorophanus solaria* Zumpt

（174）黑斜纹象 *Bothynoderes declivis*（Olivier）

（175）二斑尖眼象 *Chromonotus bipunctatus*（Zoubkoff）

（176）欧洲方喙象 *Cleonus pigra*（Scopoli）

（177）黑长体锥喙象 *Temnorhinus verecundus*（Faust）

（178）粉红锥喙象 *Conorhynchus pulverulentus*（Zoubkoff9）

（179）英德齿足象 *Deracanthus inderiensis*（Pallas）

（180）甜菜象 *Asproparthenis punctiventris*（Germar）

10　鳞翅目 Lepidoptera

10.1　粉蝶科 Pieridae

（181）绢粉蝶 *Aporia crataegi* Linnaeus

（182）箭纹绢粉蝶 *Aporia procris* Leech

（183）红襟粉蝶 *Anthocharis cardamines*（Linnaeus）

（184）皮氏尖襟粉蝶 *Anthocharis bieti*（Oberthür）

（185）曙红豆粉蝶 *Colias eogene* Felder

（186）斑缘豆粉蝶 *Colias erate* Esper

（187）橙黄豆粉蝶 *Colias fieldi* Ménétriès

（188）迷黄粉蝶 *Colias hyale*（Linnaeus）

（189）豆黄纹粉蝶 *Colias erate poliographus* Motschulsky

（190）妹粉蝶 *Mesapia peloria*（Hewitson）

（191）菜粉蝶 *Pieris rapae* Linnaeus

（192）东方菜粉蝶 *Pieris canidia* Sparrman

（193）欧洲粉蝶 *Pieris brassicae* Linnaeus

（194）云斑粉蝶 *Pontia daplidce* Linnaeus

（195）云粉蝶 *Pontia edusa* Fabricius

10.2　眼蝶科 Safyridae

（196）光珍眼蝶 *Coenoaympha amaryilis*（Stoll）

10.3　蛱蝶科 Nymohlidae

（197）柳紫闪蛱蝶 *Apatura ilia*（Denis & Schiffermuller）

（198）荨麻蛱蝶 *Vanessa urficae*（Linnaeus）

（199）小红蛱蝶 *Pyrameis cardui*（Linnaeus）

（200）老豹蛱蝶 *Argynnis laodlce*（Pallas）

（201）灿豹蝶 *Argynnis adippe*（Denis & Schiffermuller）

10.4　灰蝶科 Lycacnidae

（202）蓝灰蝶 *Everes argiades*（Pallas）

（203）豆灰蝶 *Plebejus argus*（Linnaeus）

（204）甘肃豆灰蝶 *Plebejus ganaauensis*（Grum-Grshimailo）

（205）傲灿灰蝶 *Agriadea orbona*（Grum-Grshimailo）

（206）灿灰蝶 *Agriades pheretiades*（Eversmann）

10.5　天蛾科 Sphingidae

（207）白薯天蛾 *Herse convolvuli*（Linnaeus）

（208）蓝目天蛾 *Smerithus planus* Walker

10.6　尺蛾科 Geometridae

（209）沙枣尺蠖 *Apochemia cinerarius* Ershoff

（210）细线青尺蛾 *Geometra neovalida* Han

（211）华丽毛角尺蛾 *Myrioblephara decoraria*（Leech）

10.7　毒蛾科 Lymantriidae

（212）沙枣台毒蛾 *Teia prisca*（Staudinger）

（213）棉田柳毒娥 *Stilpnotia salicis*（Linnaeus）

10.8　木蠹蛾科 Cossidae

（214）白斑木蠹蛾 *Catopta albonubilus*（Graeser）

（215）杨木蠹蛾 *Cossus cossus orientalis* Gade

（216）胡杨木蠹蛾 *Holeocerus consobrinus* Püngeler

（217）榆木蠹蛾 *Holcocerus* vicarius（Walker）

10.9　草蛾科 Ethmiidae

（218）青海草蛾 *Ethmia nigripedella*（Erschoff）

10.10　菜蛾科 Plutellidae

（219）小菜蛾 *Plutella xylostella*（Linnaeus）

10.11　卷蛾科 Tortricidae

（220）亚洲窄纹卷蛾 *Stenodes asiana*（Kennel）

（221）尖瓣灰纹卷蛾 *Cochylidia richteriana*（Fischer vonRöslerstamm）

（222）菊云卷蛾 *Cnephasia chrysantheana*（Duponchel）

（223）雅山卷蛾 *Eana osseana*（Scopoli）

（224）香草小卷蛾 *Celypha cespitana*（Hübner）

（225）杨叶小卷蛾 *Epinotia nisella*（Clerck）

（226）杨柳小卷蛾 *Gypsonoma minutana*（Hübner）

（227）伪柳小卷蛾 *Gypsonoma oppressana*（Treitschke）

（228）米缟螟 *Aglossa dimidiata* Haworth

10.12　夜蛾科 Noctuidae

（229）麦穗夜蛾 *Apamea sordens*（Hufnagel）

（230）粘虫 *Pseudaletia separata*（Walker）

（231）草地螟 *Loxostege sticticalis*（Linnaeus）

11　膜翅目 Hymenoptera

11.1　蜜蜂科 Apidae

（232）黑尾熊蜂 *Bombus melanurus* Lepeletier

（233）昆仑熊蜂 *Bombus keriensis* Morawitz

（234）亚西伯熊蜂 *Bombus*（*Sibiricobombus*）*asiaticus* Morawitz

11.2　姬蜂科 Ichneumonidae

（235）双点曲脊姬蜂 *Apophua bipunctoria*（Thunberg）

（236）喀美姬蜂 *Meringopus calescens*（Gravenhors）

（237）坡美姬蜂 *Meringopus calescens persicus* Heinrich

（238）杨蛀姬蜂 *Schreineria populnea*（Giraud）

（239）矛木卫姬蜂 *Xylophrurus lancifer*（Gravenhorst）

（240）杨兜姬蜂 *Dolichomitus populneus*（Ratzeburg）

（241）具瘤爱姬蜂 *Exeristes roborator*（Fabricius）

（242）舞毒蛾瘤姬蜂 *Pimpla disparis* Viereck

（243）红足瘤姬蜂 *Pimpla rufipes*（Miller）

11.3　**茧蜂科** Braconidae

（244）赤腹深沟茧蜂 *Iphiaulax impostor*（Scopoli）

（245）长尾深沟茧蜂 *Iphiaulax mactator*（Klug）

（246）长尾皱腰茧蜂 *Rhysipolis longicaudatus* Belokobylskij

（247）双色刺足茧蜂 *Zombrus bicolor*（Enderlein）

11.4　**小蜂科** Chalcididea

（248）古毒蛾长尾啮小蜂 *Aprostocetus orgyiae* Yang & Yao

11.5　**叶蜂科** Tenthredinidae

（249）东方壮并叶蜂 *Jermakia sibirica*（Kriechb）

（250）方项白端叶蜂 *Tenthredo ferruginea* Schrank

12　**双翅目** Diptera

12.1　**蚊科** Culicidae

（251）淡色库蚊 *Culex pipiens pallens* Coquillett

（252）迷走库蚊 *Culex vagans* Wiedemann

（253）三带喙库蚊 *Culex tritaeniorhynchus* Giles

（254）凶小库蚊 *Culex modestus* Ficalbi

（255）背点伊蚊 *Aedes dorsalis*（Meigen）

（256）刺扰伊蚊 *Aedes vexans*（Meigen）

（257）里海伊蚊 *Aedes caspius*（Pallas）

（258）黄背伊蚊 *Aedes flavidorsalis* Luh & Lee

（259）刺螫伊蚊 *Aedes punctor*（Kirby）

（260）屑皮伊蚊 *Aedes detritus*（Haliday）

（261）丛林伊蚊 *Aedes cataphylla* Dyar

（262）阿拉斯加脉毛蚊 *Culiseta alaskaensis*（Ludlow）

（263）银带脉毛蚊 *Culiseta niveitaeniata*（Theobald）

12.2　花蝇科 Anthomyiidae

（264）骚花蝇 *Anthomyia procellaris*（Rondani）

（265）葱地种蝇 *Delia antiqua*（Meigen）

（266）灰地种蝇 *Delia platura*（Meigen）

（267）灰宽颊叉泉蝇 *Eutrichota*（*Arctopegomyia*）*pallidoldtigena* Fan & Wu

（268）粉腹阴蝇 *Hydrophoria divisa*（Meigen）

（269）白头阴蝇 *Hydrophoria albiceps*（Meigen）

（270）阿克赛泉蝇 *Pegomya aksayensis* Fan & Wu

（271）双色泉蝇 *Pegomya bicolor*（Wiedemann）

（272）社栖植蝇 *Leucophora sociata*（Meigen）

（273）绿麦秤蝇 *Meromyza saltatrix*（Linneus）

（274）细茎潜叶蝇 *Agromyza cinerascens* Mecquart

12.3　蝇科 Muscidae

（275）家蝇 *Musca domestica* Linnaeus

12.4　丽蝇科 Calliphoridae

（276）大头金蝇 *Chrysomya megacephala*（Fabricius）

（277）丝光绿蝇 *Lucilia sericata*（Meigen）

12.5　麻蝇科 Sarcophagidae

（278）肥须亚麻蝇 *Parasarcophaga crassipalpis*（Macquart）

（279）红尾拉麻蝇 *Ravinia striata*（Fabricius）

12.6　寄蝇科　Tachinidae

（280）迷追寄蝇 *Exorista mimula*（Meigen）

12.7　虻科 Tabanidae

（281）广斑虻 *Chrysops vanderwulpi* Krober

（282）玛斑虻 *Chrysops makerovi* Pleske

（283）娌斑虻 *Chrysops ricardoae* Pleske

（284）土麻虻 *Haematopota turkestanica*（Krober）

（285）苍白麻虻 *Haematopota pallens* Loew

（286）斜纹黄虻 *Atylotus karybenthinus* Szilady

（287）黑带瘤虻 *Hybomitra expollicata*（Pandalle）

（288）灰股瘤虻 *Hybomitra zaitzevi* Olsufjev

（289）哈什瘤虻 *Hybomitra kashgarica* Olsufjev

（290）里虻 *Tabanus leleani* Austen

（291）基虻 *Tabanus zimini* Olsufjev